世界银行贷款资助项目　　上海市教育委员会组编

机械制造工程实训报告

上海市高校《工程材料及机械制造基础》编写组　编
主编：胡大超　　张学高

上海科学技术出版社

内 容 提 要

《机械制造工程实训报告》(原名《金工实习报告》)是由上海市教育委员会组织上海市高等院校的金工教师,根据原国家教育委员会颁布的“工程材料与机械制造基础课程教学基本要求”编写的。是与《机械制造工程实训》教材配套使用的。本书被列为“十五”期间“上海市教育委员会高校重点教材建设项目”。

《机械制造工程实训报告》(含电子光盘)作为学生工程实训时的课后作业,在内容形式上,有判断、填空、选择、问答等多种类型的复习题、思考题和综合分析题。在编排上,根据基本、必需的原则,按各工种实训要求和时间的多少,排成每次实训后的作业,并含有多份综合试卷帮助学生复习、巩固已学的知识。

本书的电子版(光盘)的软件系统由文字处理、图形编辑、题库管理、试卷与解答生成、帮助与查找五大模块组成,使用功能和开放性更强。使用本书电子版教材,学生可以随时上机进行训练、自检、自测,答卷完毕后自动批阅、评分。电子版教材中的软件除可以自动批阅、评分外,还可记录学生完成实训报告过程中的各种信息,供教师检查教学效果。

本书作为工程类高等院校本科、专科、高职和成人教育等层次院校的通用教材,并可作为教学基本要求相接近的职工大学、电视大学,函授大学和中等专科、职业学校使用。

图书在版编目(CIP)数据

机械制造工程实训报告/上海市高校《工程材料及机械制造基础》编写组编. —上海:上海科学技术出版社,2004.8(2025.1重印)
ISBN 978-7-5323-7453-3

Ⅰ.机… Ⅱ.上… Ⅲ.机械制造工艺 Ⅳ.TH16

中国版本图书馆CIP数据核字(2004)第016834号

上海世纪出版(集团)有限公司
上 海 科 学 技 术 出 版 社 出版、发行
(上海市闵行区号景路159弄A座9F-10F 邮政编码201101 www.sstp.cn)
上海新华印刷有限公司印刷
开本:787×1092 1/16 印张:10.5 字数:242 000
2004年8月第1版 2025年1月第21次印刷
ISBN 978-7-5323-7453-3/TH·95
定价:29.90元
(附光盘)

金工实习报告

主　编　胡大超　张学高
主　审　孙以安　盛善权

实训报告填写须知

1. 学生下厂实训时，必须根据指导教师的布置，按时完成各工种的实训报告。
2. 在完成实训报告中，要求文字通顺工整，制图正确。
3. 实训报告完成后应及时交指导教师批阅，以便成绩统计。

前 言

《机械制造工程实训报告》(原名《金工实习报告》)是由上海市教育委员会组织上海市高等院校的金工教师,根据原国家教育委员会1995年颁布的"《工程材料与机械制造基础》课程教学基本要求"编写的,是与《机械制造工程实训》教材配套使用的《工程材料与机械制造基础》系列教材之一。1996年的第一版获得了"1997年上海市普通高校优秀教材奖",2000年的第二版列为"上海市普通高校'九五'重点教材"、"世界银行贷款资助项目",并获得了"2001年上海市优秀教学成果奖"。原二版教材共八次印刷,发行量合计10万册。本次修订版又被列为"十五"期间"上海市教育委员会高校重点教材建设项目"。

本书(含电子光盘)作为学生工程实训时的课后作业,在内容形式上,有判断、填空、选择、问答等多种类型的复习题、思考题和综合分析题。在编排上,根据基本、必须的原则,按各工种实训要求和时间的多少,排成每次实训后的作业,并含有多份综合试卷(部分是国家教育部、上海市、黑龙江省和江苏省等省市教委对高等院校进行机械制造工程实训教学评估时用的考卷),帮助学生复习、巩固已学的知识。本书编排新颖,不但可作为作业,也可作为测试卷,可整本用,也可撕下单页用,非常灵活。

本书除文字教材外,还含有电子光盘。电子光盘教材包括三大部分:第一部分为各章实训报告,与各章文字教材的内容一致,报告的形式主要为判断题和选择题,每做完一题后会自动提示正确与否,每做完一章后会自动提示答题数及准确率;第二部分为综合测试题,电子版教材中的软件可以自动批阅、评分;第三部分为联机测试,可随机生成试卷,并可通过人机对话设置试卷的难度系数、每题分值和试题量。

使用本教材电子版,学生可以随时上机进行训练、自检、自测,答卷完毕后自动批阅、评分。电子版教材中的软件除可以自动批阅、评分外,还可记录学生完成实训报告过程中的各种信息。用于无纸化考试时,输入学生姓名,即可联机测试。完成联机测试后,所有的测试题和回答将会出现在"\JINGONG\DOC\联机测试题 TXT \"文件中,供教师检查教学效果。

本书这次修订时,针对《机械制造工程实训》教材修订的内容对本书进行了相应的调整、更新和充实,并对本书的电子版(光盘)进行了较大的改进,增加了题库内容，并对题库软件进行再次完善，其整个软件系统由文字处理、图形编辑、题库管理、试卷与解答生成、帮助与查找五大模块组成，其使用功能和开放性更强，使学生和教师使用本套教材更灵活、更方便。

本书主要内容有：机械工程材料与热处理、铸造、锻压、焊接与胶接、钳工、管工、车工、铣工、刨工、磨工、数控机床操作、特种加工、塑料成形加工和零件的表面处理等。

本书作为工程类高等院校本科、专科、高职和成人教育等层次院校的通用教材，并可作为教学基本要求相接近的职工大学、电视大学、函授大学和中等专科、职业学校使用。

本教材由上海应用技术学院胡大超教授任主编，上海交通大学孙以安教授任主审。

参加本教材（文字版、电子版）修订编写的有：上海应用技术学院胡大超[车工(1)、磨工、特种加工、塑料成形加工、综合试卷]；上海理工大学张学高[机械工程材料及热处理、铸造综合试卷(3)、(13)、(14)]；上海应用技术学院刘兆祥（锻压）；华东理工大学李筱涛（焊接与胶接）；上海应用技术学院陆兆民（钳工），上海电机技术高等专科学校陈肇元、杨若凡[车工(2)、(3)、(4)]；上海应用技术学院郭时明（管工）；上海医疗器械高等专科学校俞洪流（铣工、刨工、齿形加工）；上海应用技术学院程奕鸣、朱慧婷、沈文渊，上海电机技术高等专科学校陈肇元、洪伟，东华大学叶丽明（数控机床操作）；华东理工大学汤胜常（零件的表面处理）。

参加本教材电子版策划工作的有上海电机技术高等专科学校陈肇元、杨若凡及沈晓敏，沈晓敏还承担了使用程序的设计、实训报告文字输入等制作工作。

本教材第一版、第二版出版后，多年来受到广大使用者的关心并提出宝贵的修改意见，谨此表示衷心的感谢。

由于修订时间仓促，书中仍有不妥和错误之处，恳请读者批评指正。

编　者

2004 年 1 月

目　录

1 机械工程材料及热处理实训报告

班级		姓名		学号		日期		成绩	

目的要求

1. 了解常用金属材料与非金属材料的种类、性能及主要用途。
2. 了解热处理车间常用加热炉(箱式炉、盐浴炉、井式炉)的大致结构及温度控制方法。
3. 熟悉常用热处理工艺方法(退火、正火、淬火、回火及渗碳)的基本操作及其应用。
4. 了解热处理件的质量检验及主要缺陷的预防方法。
5. 了解热处理生产的安全技术。

实训报告

一、判断题*

1. 退火主要用于降低材料的硬度,便于切削加工。 (　　)
2. 任何钢种通过淬火都能达到硬而耐磨的目的。 (　　)
3. 淬火件的中温回火主要用于各种弹簧、锻模的处理。 (　　)
4. 工件浸入冷却介质时,细长件应垂直浸入。 (　　)
5. 钢的表面热处理与表面淬火本质上都是通过改变工件表面的成分、组织,从而达到改变表面性能的目的。 (　　)
6. 塑料是一种应用很广的有机高分子化合物。 (　　)
7. 在使用条件下,周围环境对塑料影响的敏感性远超过金属材料。 (　　)
8. 橡胶制品需在橡胶中加入硫化剂并经过硫化处理才能使用。 (　　)
9. 玻璃钢是以石墨纤维为增强剂,以合成树脂为基的复合材料。 (　　)
10. 陶瓷刀具在常温下的硬度要超过硬质合金。 (　　)

二、填空题

1. 金属材料的力学性能指标主要有________、________、________、______________。其中$\delta=35\%$表示______________________。
2. 牌号为 T12 与 T12A 是__________材料,两者在化学成分上相同的是__________,不同的是____________。
3. 牌号为 QT800—2 是____________材料,其中“800”表示______________,“2”表示

* 本书中的判断题,对的在题后的括号内打“√”,错的打“×”,下同。

______________。

4. 下列牌号中：Cr12、GCr9、40Cr、1Cr13、9Mn2V，
属于合金结构钢的是______________；
属于合金工具钢的是______________；
属于特殊性能钢的是______________。

5. 退火与正火比较，正火的冷却速度比退火______________，故同种材料正火后的硬度比退火______________。

6. 淬火时需用冷却介质，一般情况下碳钢件选用______________，合金钢件选用______________。

7. 盐浴加热炉中的盐浴成分是______________，工件在放入盐浴炉中加热前必须经过______________，否则将会引起________________________________。

三、选择题

1. 洛氏硬度值的正确表示方法为(　　)。
(A) HRC55　　(B) HRC55kg/mm^2　　(C) 55HRC

2. 调质处理的目的是(　　)。
(A) 提高硬度　　(B) 改善切削加工性
(C) 获得较好的综合力学性能

3. 磷是钢中有害元素，它的存在会引起钢的(　　)。
(A) 热脆　　(B) 冷脆　　(C) 氢脆

4. 制造锉刀、手用锯条时，应选用的材料为(　　)。
(A) T10A　　(B) 65 钢　　(C) Q235

5. 45 钢的淬火加热温度应选择在(　　)。
(A) 760～780℃　　(B) 800～820℃　　(C) 850～870℃

6. 塑料的性能和应用范围主要取决于(　　)。
(A) 填充剂(填料)　　(B) 增塑剂
(C) 发泡剂　　(D) 合成树脂

7. 塑料中适宜于制作塑料模具的是(　　)。
(A) 尼龙(PA)　　(B) 电木(PF)
(C) 环氧塑料(EP)　　(D) ABS 塑料

8. 硬质合金实质上是一种(　　)。
(A) 以氧化物为基的金属陶瓷　　(B) 以氮化物为基的金属陶瓷
(C) 以碳化物为基的金属陶瓷　　(D) 高合金钢

四、问答题

1. 本校热处理车间使用的加热炉类型有几种？分别说出其型号、最高工作温度和主要适用场合？

2. 将你在实习中看到的几种热处理工艺方法按要求填入表中：

工 件 名 称	材 料	热处理方法名称	加热温度	保温时间	冷却方式

3. 什么叫调质处理？其性能有什么特点？主要适用于哪类零件？

4. 锯断 T10 钢和 10 钢哪个费力？为什么？

5. 用 45 钢制成某轴类零件，当表面要求高硬度(50～55HRC)时，应选用何种热处理方法来达到要求？用哪一种硬度计来测试其硬度？

6. 工件经淬火后为什么要及时给予回火？回火温度高低如何选择？

7. 经淬火、回火后的工件出现硬度偏低或硬度偏高现象，试分析其可能产生的原因及具体解决方法？

8. 什么样的材料需要采用渗碳处理？经渗碳处理后的工件直接具有了高硬度，这种说法对不对？其最终热处理应该是什么？

2 铸造实训报告

班级		姓名		学号		日期		成绩	

目的要求

1. 了解砂型铸造的生产过程。
2. 了解型(芯)砂的基本组成及其主要性能。
3. 基本掌握手工两箱造型(整模、分模、挖砂)的工艺方法,能独立完成一般铸件的造型与造芯。
4. 分清模样、铸件与零件间的差别。
5. 了解分型面、浇注系统及浇注工艺的基本概念。
6. 了解铸造铝合金熔炼的常用设备及熔炼特点。
7. 了解铸件的常见缺陷及其产生的原因。
8. 了解机器造型的特点和应用。
9. 了解常见特种铸造方法的特点和应用。
10. 了解铸造生产的安全技术。

实训报告

一、判断题

1. 型砂是制造砂型的主要材料。 (　　)
2. 砂型铸造是生产大型铸件的唯一方法。 (　　)
3. 为了改善砂型的透气性,应在砂型的上下箱都扎通气孔。 (　　)
4. 型砂耐火性的高低,主要取决于黏结剂的质量。 (　　)
5. 舂砂时,砂型的紧实度越高,强度也越高,则铸件质量便越好。 (　　)
6. 芯骨的作用是用来增加砂型的强度。 (　　)
7. 型芯烘干的目的是提高其退让性。 (　　)
8. 造型时,砂型的分型面一般应取在铸件的最大截面处。 (　　)
9. 冒口主要起补缩作用,其位置应设置在铸件的最高处。 (　　)
10. 当铸件生产批量较大时,都可用机器造型代替手工造型。 (　　)
11. 用压力铸造可以生产出双金属铸件。 (　　)
12. 熔模铸造无分型面,故铸件的尺寸精度较高。 (　　)

二、填空题

1. 铸工实习中使用的型砂主要由________、________、________组成，经过________设备混制而成的。为保证铸件的质量，型砂应具备________、________、________等性能。
2. 除砂箱和模样外，你所使用的造型工具主要有________________。
3. 造型材料的性能直接影响到造型工艺及铸件质量，对于型(芯)砂应具有________、________、________、________等性能要求。
4. 模样上的拔模斜度其主要作用是____________，斜度大小与模样高度有关，两者的关系是__________。
5. 造型用的模样，其材质可以由__________来制成，在机器造型中模样的材质均采用________。
6. 铸件上典型的浇注系统应由________、________、________、________四部分组成，其中与铸件直接相连的部分是________。
7. 铸工实训时，熔炼铝合金的设备叫做__________，其型号和功率为____________，浇注时的安全注意事项是________________。
8. 有色金属(如铝合金)铸件的批量生产，以__________铸造方法可以取得最佳效益。

三、选择题

1. 下列工件中适宜用铸造方法生产的是(　　)。
   (A) 车床上进刀手轮　(B) 螺栓　(C) 机床丝杠　(D) 自行车中轴
2. 车床上的导轨面在浇注时的位置应该(　　)。
   (A) 朝上　(B) 朝下　(C) 朝左侧　(D) 朝右侧
3. 为提高合金的流动性，常采用的方法是(　　)。
   (A) 适当提高浇注温度　(B) 加大出气口
   (C) 降低出铁温度　(D) 延长浇注时间
4. 铸造圆角的主要作用是(　　)。
   (A) 增加铸件强度　(B) 便于起模
   (C) 防止冲坏砂型　(D) 提高浇注速度
5. 挖砂造型时，挖砂深度应达到(　　)。
   (A) 模样的最大截面处　(B) 模样的最大截面以下
   (C) 模样的最大截面以上　(D) 任意选择
6. 制好的砂型，通常要在型腔表面涂上一层涂料，其目的是(　　)。
   (A) 防止粘砂　(B) 改善透气性　(C) 增加退让性　(D) 防止气孔
7. 型砂中加入附加物煤粉、木屑的目的是(　　)。
   (A) 提高型砂的强度　(B) 便于起模
   (C) 提高型砂的透气性　(D) 提高型砂的退让性
8. 制造模样时，模样的尺寸应比零件大一个(　　)。
   (A) 铸件材料的收缩量
   (B) 机械加工余量
   (C) 铸件材料的收缩量＋模样材料的收缩量

(D) 铸件材料的收缩量+机械加工余量

9. 分型砂的作用是使(　　)。

(A) 上砂箱与下砂箱分开　　(B) 分型面光洁

(C) 上砂型与下砂型顺利分开　　(D) 改善透气性

10. 舂砂时，上下砂箱的型砂紧实度应该(　　)。

(A) 均匀一致　　(B) 上箱比下箱紧实度要大

(C) 下箱比上箱紧实度要大　　(D) 由操作者自定

11. 砂型强度低时，除造成修型、塌箱外，还会使铸件产生(　　)。

(A) 气孔　　(B) 砂眼、夹砂

(C) 表面粘砂　　(D) 浇不足

12. 考虑到合金的流动性，设计铸件时应(　　)。

(A) 加大铸造圆角　　(B) 减小铸造圆角

(C) 限制最大壁厚　　(D) 限制最小壁厚

13. 一只直径为 100mm 的铅球，生产 1000 只时的铸造方法应选用(　　)。

(A) 挖砂　　(B) 整模　　(C) 分模　　(D) 刮板

14. 通常不需要型芯和浇注系统即可获得空心旋转体铸件的铸造方法是(　　)。

(A) 熔模铸造　　(B) 压力铸造

(C) 金属型铸造　　(D) 离心铸造

四、问答题

1. 说出分模两箱造型的主要操作步骤。

2. 铸造中的气体来源于哪些方面？加强砂型透气性的措施有哪些？

3. 下列方框图表示砂型铸造生产的全过程，请将空框内的名称填完整。

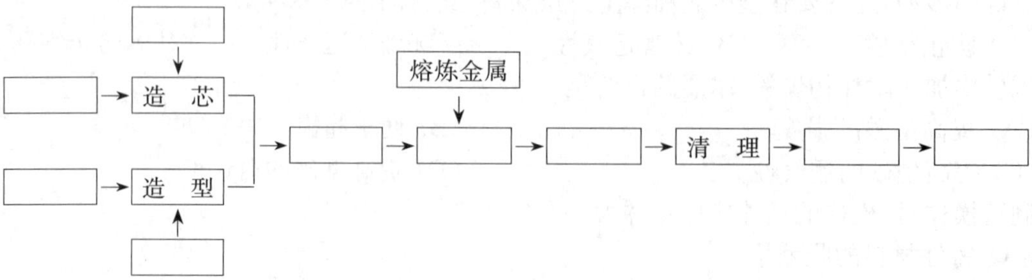

(第3题)

4. 写出铸型装配图上所指部位的名称(1～8)。

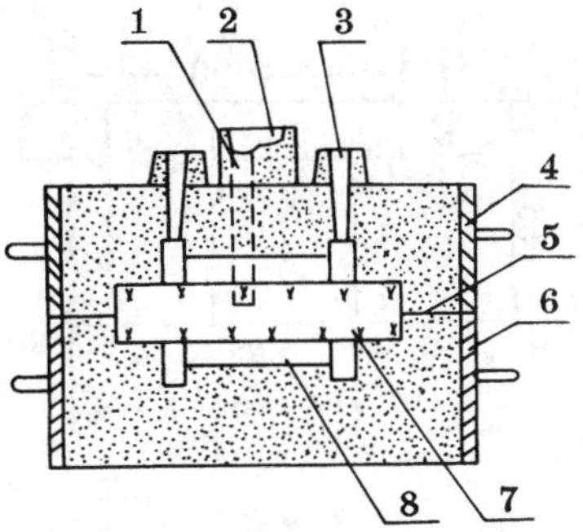

(第 4 题)

5. 舂砂过紧或过松对铸件质量有何影响?

6. 浇注温度过高或过低对铸件质量有何影响?

7. 铸件的壁过厚或过薄对铸件质量有何影响?

8. 标出如图所示铸件的分型面。

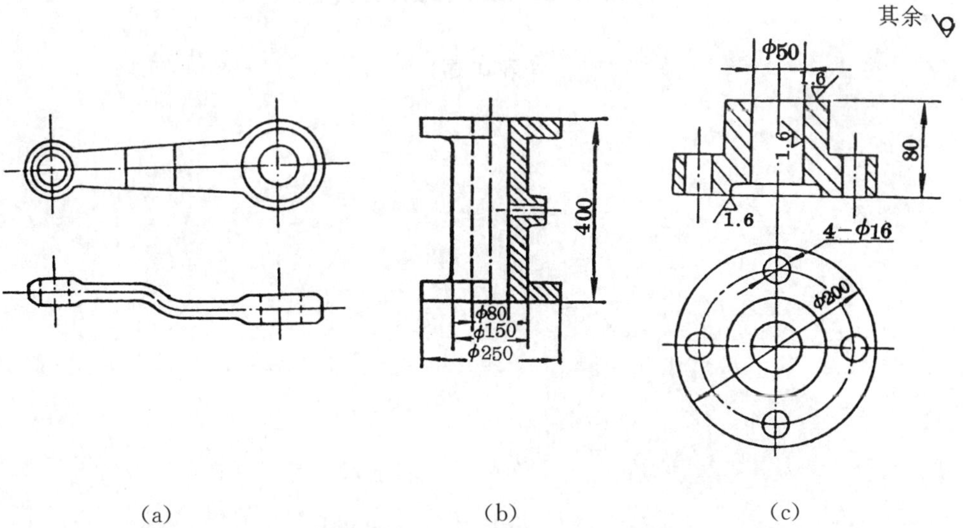

(a)　　(b)　　(c)

(第 8 题)

9. 画出如图所示零件的模样图和铸件图。

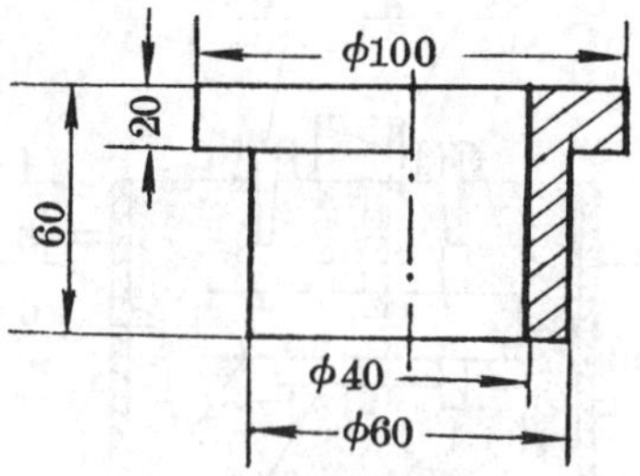

（第 9 题）

10. 如图为轴承盖，材料 HT150，单件生产，要求 ϕ126 与 ϕ90、ϕ74 同心，试确定其最佳造型工艺方案（标出分型面并说出造型方法的名称）。

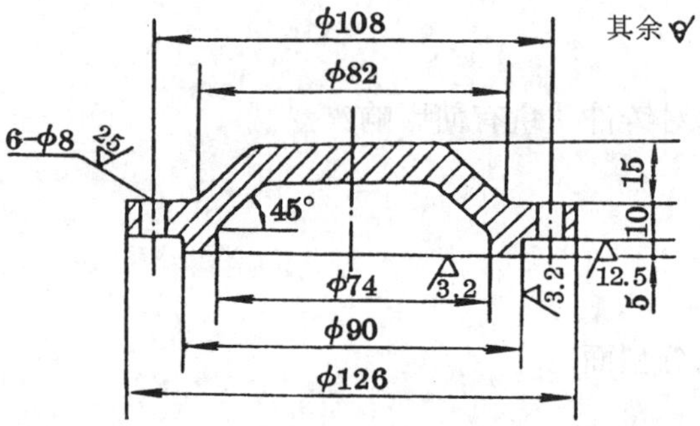

（第 10 题）

3 锻　　压
实训报告

班级		姓名		学号		日期		成绩	

目的要求

1. 了解锻造与板料冲压的基本工艺、特点及应用。
2. 了解金属加热目的、加热温度范围、加热缺陷及锻件的冷却方式。
3. 了解机器自由锻的常用工具与设备，会操纵空气锤。
4. 基本掌握机器自由锻主要工序的操作，完成一般小型锻件的加工。
5. 了解自由锻、胎模锻、模锻间的区别。
6. 了解板料冲压的主要设备与冲模，会安装简单冲模。
7. 了解板料冲压的主要工序，会编制简单冲压件的工艺过程。
8. 了解锻造与板料冲压的安全技术。
9. 了解锻压设备、技术的主要发展，了解锻压常用新工艺。

实训报告

一、判断题

1. 坯料加热的目的是提高金属的塑性，降低其变形抗力。（　　）

2. 加热温度越高，越容易锻造成形，故锻件质量也越好。（　　）

3. 钢的加热速度越快，表面氧化就越严重。（　　）

4. 可锻铸铁经过加热也是可以锻造成形的。（　　）

5. 除自由锻造外的其他锻压加工方法都具有较高的生产率。（　　）

6. 拔长时送进量越大，则生产效率就越高。（　　）

7. 空气锤的规格是以工作活塞、锤杆加上砧铁的总质量来表示的。（　　）

8. 双面冲孔时，当冲到工件厚度 3/4 时，应拔出冲子，翻转工件，从反面冲穿。（　　）

9. 自由锻件所需坯料的质量与锻件的质量相等。（　　）

10. 平垫圈可以用简单模、连续模或复合模生产，区别在于生产率的不同。（　　）

11. 空气锤操作灵活，投资小，且能以较小的吨位产生较大的打击力，应大力发展应用。（　　）

12. 机器自由锻的生产效率低，加工精度差，劳动强度大，因此应尽早淘汰。（　　）

二、填空题

1. 坯料加热时，可能产生的加热缺陷有____________、____________、____________、

________、________。

2. 空气锤能完成的基本动作有________、________、________、________、________。

3. 机器自由锻的基本工序有________、________、________、________、________、________、________。

4. 45 钢锻造时的始锻温度是________，终锻温度是________。

5. 锻造实习中使用的空气锤其型号是________，此型号的含义是________。

6. 冲孔与落料的加工方法相同，落料冲下的部分是________，而冲孔冲下的部分是________，它们和剪切统称为________。

7. 举出四种经冷冲压加工而成的制品，它们是________、________、________、________。

8. 模锻件的最后成形是在________模膛中完成的。

9. 板料冲压中，属于变形工序的有________、________、________。

10. 如图所示的零件用自由锻造制取毛坯，其基本工序是________、________、________。

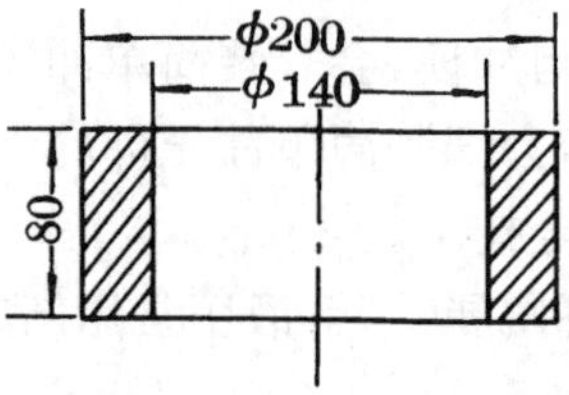

(第 10 题)

11. 压力加工的方法，除锻造和板料冲压外，还有________、________、________和________等方式。

12. 按功用分，冲模的组成通常可分为工作部分(如凸模和凹模)、________(如　　　　)、________(如　　　　)和________(如　　　　)等四部分。

三、选择题

1. 在能够完成规定成形工步的前提下，坯料加热次数越多，锻件质量(　　)。
(A) 越好　　(B) 越差　　(C) 不受影响

2. 坯料在加热过程中出现过烧缺陷后，其处理办法是(　　)。
(A) 热处理　　(B) 重新加热锻造　　(C) 报废

3. 下列材料中，不能锻造成形的是(　　)。
(A) HT200　　(B) 25 钢　　(C) LD5

4. 当大批量生产 20CrMnTi 齿轮轴时，其合适的毛坯制造方法是(　　)。
(A) 铸造　　(B) 模锻　　(C) 冲压

5. 钢的加热速度越缓慢，表面产生脱碳程度就(　　)。
(A) 越大　　(B) 越小　　(C) 不受影响

6. 碳钢的中小型锻件，其锻后的冷却方式应是(　　)。

(A) 炉冷　　(B) 空冷　　(C) 坑冷

7. 被镦粗的坯料，其高度与直径之比应在(　　)才不会产生镦弯。

(A) 2 以下　　(B) 2.5～3.0 之间　　(C) 3.0～3.5 之间

8. 拔长时，坯料送进量(l)应是砥铁宽度(b)的(　　)。

(A) 0.3 以下　　(B) 0.3～0.7　　(C) 0.7 以上

9. 冲裁模的凸模和凹模均有(　　)。

(A) 锋利的刃口　　(B) 圆角过渡　　(C) 负公差

10. 下列工件中，适合于自由锻的是(　　)，适合于板料冲压的是(　　)，适合于铸造的是(　　)。

(A) 减速箱体　　(B) 电器箱柜　　(C) 车床主轴

11. 拉深模的凸模与凹模间的单边间隙应该是(　　)。

(A) 近似为零　　(B) 大于板料厚度　　(C) 略小于板料厚度

12. 大批量生产精密锻件时，坯料加热方法应优先采用(　　)。

(A) 燃煤炉　　(B) 重油炉　　(C) 电感应加热炉

四、问答题

1. 拔长时为什么要不断翻转工件？

2. 冲孔前为什么有时要先将坯料镦粗？

3. 胎模锻与自由锻有何区别？

4. 简述锻造与铸造相比的优缺点。

5. 取加热到一定温度的铸铁块，常温下的铅块和超过始锻温度的碳钢块，分别试锻，简述出现的结果，并分析产生的原因。

6. 试比较齿轮坯在自由锻、胎模锻、模锻时有哪些不同？

7. 回转成形的共同特点是什么？分别另举三种能用回转成形方法生产的零件毛坯或产品，并与相应可用的传统锻压生产方式进行优缺点比较。

8. 如图所示两种零件毛坯，在采用圆形型钢单件小批生产时，在选料尺寸和锻造工序及过程安排上有何不同？

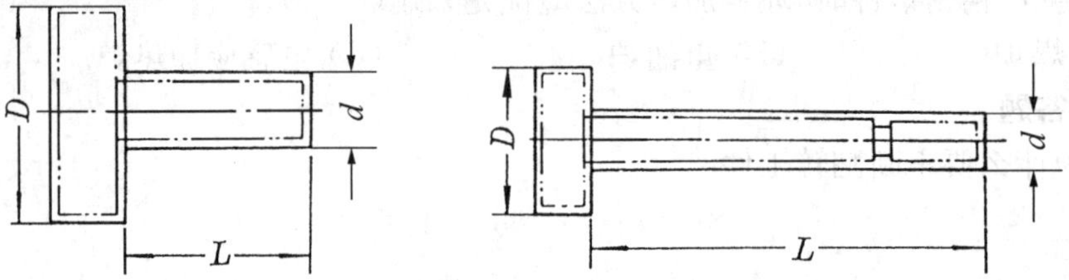

(a) (b)

（第 8 题）

9. 试分析冲裁模与拉深模在结构和参数上有何主要不同？

10. 通常模锻件为什么要留飞边？有孔锻件为什么要留连皮？

五、工艺题

列出图示羊角锤机器自由锻的生产工艺过程。

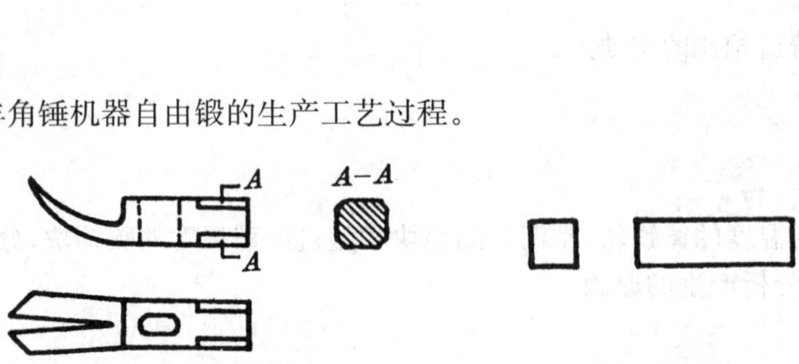

(a) 锻件图 (b) 坯料图

羊角锤

（第五题）

序号(包括火次)	加　工　简　图	操作内容及方法

4 焊 接 实训报告

班级		姓名		学号		日期		成绩	

目的要求

1. 基本掌握手工电弧焊和气焊的操作方法,能独立完成简单构件的平焊对接操作。
2. 了解手工电弧焊与气焊的焊接工艺、特点和应用;了解手工弧焊机的使用方法。
3. 了解电焊条的种类、组成及其规格。能初步选择焊条直径和焊接电流。
4. 了解常见焊接缺陷及其产生原因和防止方法。
5. 了解焊接生产的安全操作技术。
6. 了解胶接技术的工艺特点。

实训报告

一、判断题

1. 焊条直径越粗,选择的焊接电流应越大。 ( )

2. 低碳钢和低合金结构钢是焊接结构的主要材料。 ( )

3. 焊接厚板时,为保证焊透,必须开设坡口。 ( )

4. 对接是焊接中常用的接头形式。 ( )

5. 电焊条的规格是用焊芯直径来表示的。 ( )

6. 焊机外壳接地的目的是为了防止其漏电。 ( )

7. 电焊条外层涂料的作用是防止焊芯金属生锈。 ( )

8. 受潮的焊条需经烘干才能使用。 ( )

9. 焊接时,焊接电流越大越好。 ( )

10. 直流正接适于焊接厚板,直流反接适于焊接薄板。 ( )

11. 气焊时如发生回火,首先应立即关掉乙炔阀门;然后再关闭氧气阀门。 ( )

12. 因为气焊的火焰温度比电弧焊低,故焊接变形小。 ( )

13. 焊接 4～6mm 的钢板,选用 2mm 的焊条就可以。 ( )

14. 等离子切割是先将金属熔化,然后用高速气流将熔融金属吹除。 ( )

15. 点焊及缝焊都属于电弧焊。 ( )

16. 焊接不锈钢件只能用氩弧焊。 ( )

17. 压力焊只需加压,不必加热。 ( )

18. 胶接工艺可以完全替代焊接。 ( )

二、选择题

1. 手工电弧焊时，正常的电弧长度为(　　)。
(A) 等于焊条直径　(B) 大于焊条直径　(C) 小于焊条直径
2. 焊接构件中应用最多的接头型式是(　　)。
(A) 角接　(B) 对接　(C) 搭接
3. 影响焊缝宽度的主要因素是(　　)。
(A) 焊接速度　(B) 焊接电流　(C) 焊条直径
4. 手工电弧焊开坡口的目的是(　　)。
(A) 提高生产率　(B) 保证焊透　(C) 减少焊接电流
5. 手工电弧焊焊接薄板时，为防止烧穿，应选用(　　)。
(A) 直流正接　(B) 直流反接　(C) 交流弧焊机
6. 焊接电流过大时，会造成(　　)。
(A) 熔宽增大，熔深减小　(B) 熔宽减小，熔深增大
(C) 熔宽和熔深都增大
7. 气焊点火时，应(　　)。
(A) 先微开氧气阀门，后打开乙炔阀门
(B) 先打开乙炔阀门，后打开氧气阀门
(C) 氧气阀门和乙炔阀门同时打开
8. 为保证安全，气焊结束时，关闭气阀的程序是(　　)。
(A) 先关闭氧气阀门，然后关闭乙炔阀门
(B) 同时关闭乙炔阀门和氧气阀门
(C) 先关闭乙炔阀门，然后关闭氧气阀门
9. 割炬的结构与焊炬相比，其特点是(　　)。
(A) 结构完全一样　(B) 多一根切割氧气管
(C) 多一根切割乙炔管
10. 酸性焊条被广泛应用的原因是(　　)。
(A) 焊缝含氢量少　(B) 焊接工艺性好
(C) 焊缝抗裂性好
11. 产生烧穿的原因是(　　)。
(A) 焊接电流过大　(B) 运条不合理
(C) 焊条角度不当
12. 焊接 4mm 钢板时，坡口形状是(　　)。
(A) V 形坡口　(B) X 形坡口
(C) I 形坡口
13. 焊接变形的原因是(　　)。
(A) 焊接时焊件上温度分布不均匀而产生的应力造成
(B) 焊接速度过快而造成
(C) 焊接电流过大而造成
14. 下列材料不能进行氧-乙炔气割的是(　　)。

(A) Q235　　(B) HT200　　(C) 20 钢

15. 气焊焊接低碳钢零件时,常用(　　)。

(A) 碳化焰　　(B) 氧化焰　　(C) 中性焰

16. 车刀上的硬质合金刀片是用(　　)方法焊接在刀杆上的。

(A) 电弧焊　　(B) 钎焊　　(C) 氩弧焊

17. 焊接不锈钢构件,应采用(　　)。

(A) 氧-乙炔气焊　　(B) 钎焊　　(C) 氩弧焊

18. 铝及铝合金材料的切割,应采用(　　)。

(A) 氧-乙炔气割　　(B) 等离子切割　　(C) 手工电弧焊切割

三、问答题

1. 焊接两块厚度为 5mm 的钢板(对接),有下列两种方案,试分析其中哪一种为优？为什么？

方案一:清理→装配→点固→焊接→焊后清理。

方案二:清理→装配→焊接→焊后清理。

2. 请说出使用氧气瓶时的安全注意事项。

3. 如果采用一根其前半部分有药皮而后半部分无药皮的焊条进行焊接时,焊缝的质量有何变化,为什么？

4. 手工电弧焊选择焊条直径和焊接电流的依据是什么？

5. 写出三种氧-乙炔焰的名称、性质和应用范围。

名　称	火 焰 性 质	应 用 范 围

6. 写出如图所示的焊接结构件中，各焊缝的空间位置和接头型式（构件不得翻转）。

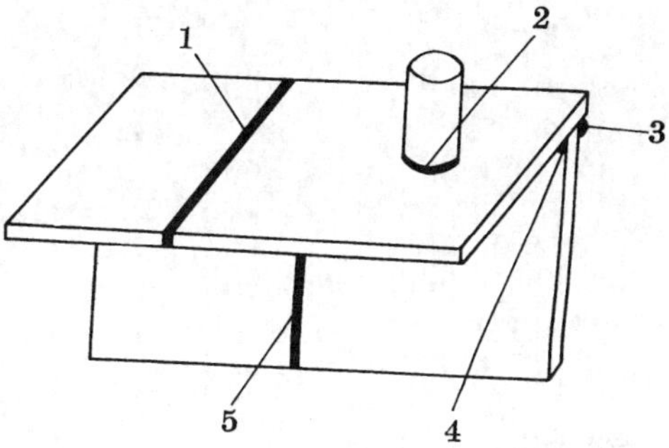

（第 6 题）

序　号	焊缝位置	接头型式
1		
2		
3		
4		
5		

7. 简单叙述你在焊接实习中所采用的安全措施。

5 钳 工 实训报告

(1) 划线、锯切、锉削

班级		姓名		学号		日期		成绩	

目的要求

1. 熟悉划线的目的和基本知识,正确使用划线工具,掌握平面和立体划线方法。
2. 熟悉锯切和锉削的应用范围及其工具的名称、规格和选用。
3. 掌握锯切和锉削的基本操作方法及其安全知识。
4. 了解上述基本操作中质量问题和产生的原因。

实训报告

一、判断题

1. 划线是机械加工的重要工序,广泛用于成批和大量生产。 ( )
2. 为了使划出的线条清晰,划针应在工件上反复多次划线。 ( )
3. 划线后为了保留线条,样冲眼应冲得多一些。 ( )
4. 选择划线基准时,应尽量使划线基准与图纸上的设计基准一致。 ( )
5. 正常锯切时,锯条返回仍需加压,但要轻轻拉回,速度要慢。 ( )
6. 锯切时,一般手锯往复长度不应小于锯条长度的 2/3。 ( )
7. 锯切时,只要锯条安装正确就能够顺利地进行锯切。 ( )
8. 锉削时,发现锉刀表面被锉屑堵塞应及时用手除去,以防止锉刀打滑。 ( )
9. 锉削后,工件表面的粗糙度主要决定于锉削方法。 ( )
10. 锉削外圆弧面时,锉刀在向前推进的同时,还应绕工件圆弧中心摆动。 ( )
11. 划线可以检查出毛坯尺寸、形状的合格率和合理分配各加工面的加工余量及加工位置。 ( )
12. 圆形工件和较长的轴类零件都可放在同一只 V 形铁上找出中心或划出中心线。 ( )
13. 打样冲眼可以使划出的线条留下位置标记,所以工件上只要有划线就应打出样冲眼,而且要深些。 ( )
14. 锯切操作分起锯,锯切和结束三个阶段,而起锯时,压力要小,往复行程要短,

速度要快。 (　　)

15. 正常锯切时,锯条应以全长进行工作,提高锯条的使用寿命。 (　　)

16. 锯切临结束时,用力应轻,速度要慢,行程要长。 (　　)

17. 锯切圆管在管壁将被锯穿时,圆管应转一个角度,继续锯切,直至锯断。 (　　)

18. 锉削常用双齿纹锉刀,是因为锉削时,每个齿的齿痕不重叠,锉屑易碎裂,工件表面光滑。 (　　)

19. 工件毛坯是铸件或锻件,可用粗锉直接锉削。 (　　)

二、填空题

1. 钳工的基本操作包括______、______、______、______、______、______、______。

2. 划线分______和______两种。划线时应注意____________。

3. 常用的划线工具有______、______、______、______、______、______、______、______。

4. 常用划线基准选择以______,有孔、有面时以______、______、______。

5. 锯条安装时,锯齿的方向应与锯削时______方向一致。

6. 锯切速度以每分钟往复______次为宜,锯软材料时,速度可______些,锯硬材料时,速度可______些。

7. 锯切时,锯条折断主要原因是______,防止方法有____________。

8. 锉刀一般分为______、______和______三种,普通锉刀按其断面形状可分为______、______、______、______和______等五种。

9. 锉刀的规格是以______表示的。

10. 精锉外圆弧面,粗锉平面和精锉窄平面时分别选用______、______和______锉刀,相应的锉削方法有______、______和______。

三、选择题

1. 对不规则的大工件进行划线时应选用(　　)。

(A) V形铁　　(B) 千斤顶

(C) 方箱　　(D) 平板

2. 如图所示圆柱体零件,一次装夹后要划出端面的十字线,零件应装在(　　)。

(A) 虎钳上　　(B) V形铁上

(C) 方箱上　　(D) 带V形槽的千斤顶上

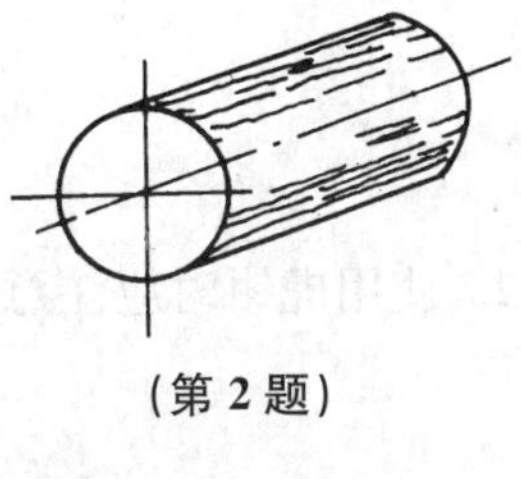

(第2题)

3. 根据零件图决定划线基准时,应选图纸中(　　)。

(A) 最大尺寸端所在平面　　(B) 工件上面积最大平面

(C) 工件上任意孔的中心线　　(D) 尺寸标注的基准平面或线

4. 一般起锯角度应(　　)。
(A) 小于 15° (B) 大于 15° (C) 等于 15° (D) 任意
5. 锯切厚件时应选用(　　)。
(A) 粗齿锯条 (B) 中齿锯条 (C) 细齿锯条 (D) 任何锯条
6. 锉削余量较大平面时,应采用(　　)。
(A) 顺向锉 (B) 交叉锉 (C) 推锉 (D) 任意锉
7. 锯切薄壁圆管时应采用(　　)。
(A) 一次装夹锯断
(B) 锯到圆管当中翻转 180°,二次装夹后锯断
(C) 每锯到圆管内壁时,将圆管沿推锯方向转过一角度,装夹后逐次进行锯切
(D) 每锯到圆管内壁时,将圆管沿推锯反向转过一个角度,装夹后逐次进行锯切
8. 平板锉适宜锉削(　　)。
(A) 内凹曲面 (B) 圆孔
(C) 平面和外凸曲面 (D) 方孔
9. 锉削铜、铝等软金属材料时,应选用(　　)。
(A) 细齿锉刀 (B) 什锦锉刀 (C) 粗齿锉刀 (D) 油光锉刀
10. 锉削时,锉刀的用力应是在(　　)。
(A) 推锉时 (B) 拉回锉刀时
(C) 推锉和拉回锉刀时 (D) 推锉时两手用力应变化
11. 划圆、划圆弧和划等分线段的划线工具是(　　)。
(A) 划针 (B) 划规
(C) 划卡 (D) 划针盘
12. 锯条安装过紧或过松,用力过大,锯条易发生(　　)。
(A) 崩齿 (B) 折断
(C) 磨损过快 (D) 卡住
13. 锯条安装过松或扭曲,锯切后工件会发生(　　)。
(A) 尺寸不对 (B) 锯缝歪斜 (C) 锯痕多 (D) 表面粗糙
14. 在精锉较窄表面或表面前有凸台时常采用(　　)。
(A) 交叉锉 (B) 顺向锉 (C) 推锉 (D) 任意锉

四、问答题

1. 以手工操作为主的钳工,为什么在现代机械化生产中还得到广泛应用?

2. 使用虎钳时应注意哪些事项?

3. 写出图示工件划线的步骤和使用的工具,并指出划线基准。(已加工表面为 6.3▽)

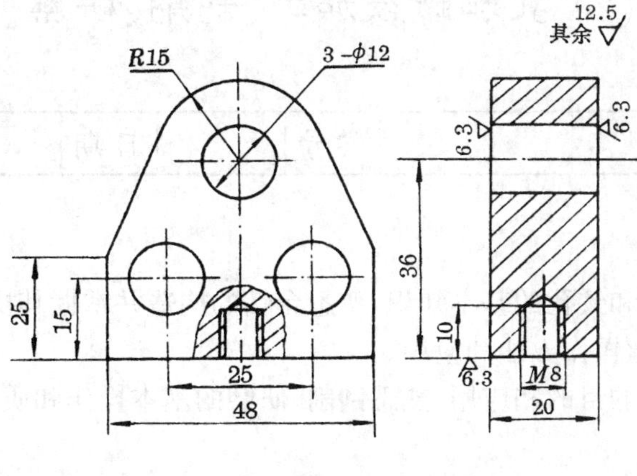

(第 3 题)

4. 什么是锯路?其作用是什么?锯路有几种形状?

5. 锉削平面时,产生中凸的原因是什么?如何防止?

(2) 孔和螺纹加工、刮削、研磨

班级		姓名		学号		日期		成绩	

目的要求

1. 了解钻孔、扩孔和铰孔的基本知识,熟悉台钻的构造并掌握其操作方法。
2. 掌握攻丝和套丝操作方法和应用。
3. 了解刮削、研磨的目的和应用,熟悉刮削、研磨的基本操作和质量检验的方法。

实训报告

一、判断题

1. 修磨麻花钻横刃是为了减少钻削力,提高钻头的定心和切削稳定性。 ( )
2. 麻花钻顶角大小应随工件材料的硬度而变化,工件材料越硬,顶角也越大。 ( )
3. 钻孔时,应戴好手套清除切屑,防止手被切屑划破。 ( )
4. 钻头的旋转运动是主运动也是进给运动。 ( )
5. 攻盲孔螺纹时,由于丝锥不能攻到孔底,所以钻孔深度应大于螺纹深度。 ( )
6. 为使板牙容易对准工件中心和容易切入,排屑孔两端应有 60°的锥度。 ( )
7. 扩孔就是扩大已加工出的孔。 ( )
8. 刮削平面的方法有挺刮式和手刮式两种。 ( )
9. 粗刮时,刮削方向应与切削加工的刀痕方向一致,各次刮削方向不应交叉。 ( )
10. 研磨时的压力和速度,会影响工件表面的粗糙度。 ( )
11. 钻深孔时,钻头应经常退出排屑,防止切屑堵塞、卡断钻头。 ( )
12. 装拆钻头时,可用扳手,手锤或其他东西来松、紧钻夹头。 ( )
13. 机铰孔时,铰刀铰完孔后,应停车把铰刀从孔中拉出。 ( )
14. 机铰通孔时,铰刀修光部分不能全部露出孔外,否则铰刀退出时会将孔划坏。 ( )
15. 丝锥一组可以有 2 个或 3 个,每组丝锥外径、中径和内径相同,但切削部分长度和锥度不同。 ( )
16. 丝锥攻丝时,除了切削金属外,还有对金属的挤压作用,所以螺纹底孔直径应等于螺纹内径。 ( )
17. 丝锥切削部分切入底孔后,可将丝锥一直旋转到孔底把螺纹全部攻出。 ( )

二、填空题

1. 常用的钻床有________、________和________等三种。
2. 麻花钻用钝后,刃磨其________面,以形成________、________和________角度。
3. 钻孔时,孔轴线偏斜原因是________________________________。为防止钻头引偏,大批量生产时可用________为钻头导向。

4. 铰孔时应注意：______________________________。
5. 一套丝锥有__________个或__________个，它们之间主要的区别是____________________。
6. 攻普通螺纹时，底孔直径 d_0 的确定，在钻钢材时，其经验公式是____________；钻铸铁时，其经验公式是____________；攻盲孔螺纹时，钻孔深度的经验公式是________________。
7. 常用刮削显示剂有__________和__________两种，分别用于__________和__________场合。
8. 刮削表面的精度主要用__________面积内__________来表示的。
9. 研磨剂是由__________和__________混合而成。
10. 研磨是精密加工方法之一，尺寸精度可达____________mm，表面粗糙度 R_a 值可达__________μm。

三、选择题

1. 钻孔时，孔径扩大的原因是(　　)。
(A) 钻削速度太快　　(B) 钻头后角太大
(C) 钻头两条主切削刃长度不等　　(D) 进给量太大
2. 攻丝时，每正转一圈要倒退 1/4 圈目的是(　　)。
(A) 减少摩擦　(B) 提高螺纹精度　(C) 便于断屑　(D) 减少切削力
3. 刮削硬工件时，刮刀刀头的材料为(　　)。
(A) 高速钢　　(B) 碳素工具钢
(C) 轴承钢　　(D) 硬质合金
4. 在钢和铸铁工件上攻相同直径的内螺纹，钢件的底孔直径应比铸铁的底孔直径(　　)。
(A) 大　(B) 稍小　(C) 一样　(D) 稍大
5. 手用丝锥中，头锥和二锥的主要区别是(　　)。
(A) 头锥的锥角较小　　(B) 二锥的切削部分较长
(C) 头锥的不完整齿数较多　　(D) 头锥比二锥容易折断
6. 用扩孔钻扩孔比用麻花钻扩孔精度高是因为(　　)。
(A) 没有横刃　　(B) 主切削刃短
(C) 容屑槽小　　(D) 钻芯粗大，刚性好
7. 机铰时，要在铰刀退出孔后再停车是为了防止(　　)。
(A) 铰刀损坏　(B) 孔壁拉毛　(C) 铰刀脱落　(D) 孔不圆
8. 在钻床上钻 ϕ20mm 孔，选择转速 $n=500$r/min，则钻削时的切削速度为(　　)。
(A) 25.2m/min　　(B) 31.4m/min
(C) 250m/min　　(D) 500m/min
9. 沉头螺孔的加工，通常采用(　　)。
(A) 钻　(B) 扩　(C) 铰　(D) 锪
10. 在薄金属板上钻孔，可采用(　　)。
(A) 普通麻花钻　　(B) 中心钻
(C) 群钻　　(D) 任意钻头

11. 大型工件、多孔工件上的各种孔加工，一般选用(　　)。
(A) 立式钻床　　(B) 台式钻床
(C) 摇臂钻床　　(D) 手钻

12. 在没有孔的工件上进行孔加工应选用(　　)。
(A) 铰刀　　(B) 扩孔钻
(C) 麻花钻　　(D) 锪钻

13. 攻丝是用(　　)加工内螺纹的操作。
(A) 板牙　　(B) 锪钻
(C) 丝锥　　(D) 铰刀

14. 研磨工具的材料应比被研工件(　　)，研磨剂里的磨粒就能嵌入工具表面，不致刮伤工件。
(A) 硬　　(B) 软　　(C) 松　　(D) 紧

四、问答题

1. 钻孔时轴线容易偏斜的原因是什么？如果在斜面上钻孔应采取什么措施？

2. 为什么在钻孔开始和孔快钻通时要减慢进给速度？

3. 简述麻花钻、扩孔钻、锪钻和铰刀各自的特点及应用场合。

4. 丝锥为什么要两个或三个一组？如果攻丝时，丝锥断了怎样取出？

5. 刮削的作用是什么？如何选择刮削方法？

6. 研磨常用哪些磨料？对研具材料有什么要求？

五、工艺题

写出如图所示六角螺母的加工步骤：

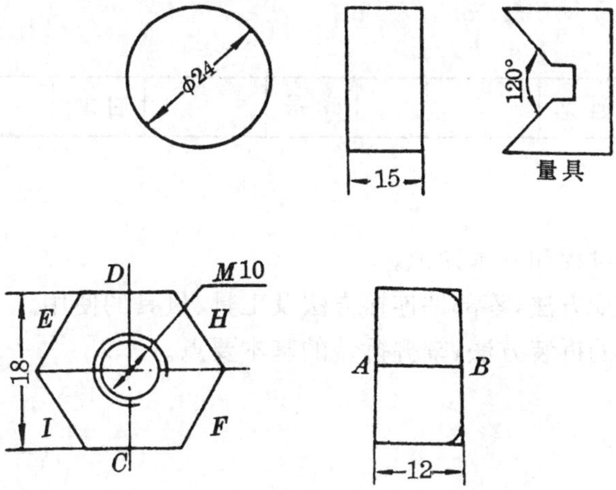

（第五题）

序　号	加工简图	工序内容(包括装夹)	工具、量具

（3）装配、拆卸

班级		姓名		学号		日期		成绩	

目的要求

1. 了解装配工艺过程和基本知识。
2. 熟悉常用的装配方法，零部件连接方法及工具、量具的使用。
3. 熟悉简单部件的拆装方法，掌握拆装的基本要点。

实训报告

一、判断题

1. 只要零件的加工精度高，就能保证产品的装配质量。（　）
2. 不可拆连接在拆卸时，一般被连接零件要受到损坏。（　）
3. 完全互换法使装配工作简单、经济且生产率高。（　）
4. 用螺栓、螺钉与螺母连接零件时，贴合面应平整光洁，否则螺纹易松动。（　）
5. 机器拆卸时，对丝杠、长轴零件为防止弯曲变形，要用布包好，然后平放在木板上。（　）
6. 在装配连接中，平键不但作径向固定，还用来传递扭矩。（　）
7. 滚动轴承内孔与轴承配合的松紧程度，由内孔尺寸精度来保证。（　）
8. 成组螺纹连接时，螺钉或螺母拧紧顺序应该是一个接一个进行。（　）
9. 装配时，通过调整某一个零件的位置或尺寸来达到装配要求，称调整法。（　）
10. 拧紧方形或圆形成组螺母时，应按对称进行。（　）
11. 轴承装配在轴上时，应使用铜棒将轴承敲到轴上即可。（　）
12. 过盈量较大的过盈配合，可用压力机将零件压入配合件上。（　）
13. 拆卸机器零件顺序应与装配相同，先装先拆，后装后拆。（　）
14. 成套加工或不能互换的零件拆卸时，应作好标记，以防再装时装错。（　）

二、填空题

1. 装配机器是以某一零件为________，将其他零件________构成“组件”，然后________________构成部件，最后________________总装成机器。
2. 装配方法主要有________、________、________和零件的连接方法有________和________。
3. 常用拆卸工具有________、________、________、________、________、________、________、________。
4. 拆卸顺序应是先________后________；先________后________依次进行。

5. 拆卸零件时，为防止损坏零件，避免用______________敲击零件，可用______________或______________敲击或用______________垫在零件上敲。
6. 装配单元系统图能清楚地表示出装配所需零件的______________、______________和______________，并根据它们划分装配工序。

三、选择题

1. 可拆连接是(　　)。

(A) 焊接　　(B) 螺栓　　(C) 压合　　(D) 铆接

2. 装配中的修配法适用于(　　)。

(A) 单件生产　　(B) 小批生产　　(C) 成批生产　　(D) 大批生产

3. 滚动轴承内孔与轴的配合一般采用(　　)。

(A) 过盈配合　　(B) 间隙配合　　(C) 过渡配合　　(D) 任意配合

4. 轴承和长轴的配合过盈较大时，装配时应采用(　　)。

(A) 用大锤敲入为好　　(B) 轴承放在热油中加热后压入为好

(C) 用大吨位压力机压入为好　　(D) 长轴放入干冰中冷却后压入为好

5. 在同类零件中任取一个零件，不需修配即可用来装配，且能达到规定的装配要求，称(　　)。

(A) 修配法　　(B) 选配法　　(C) 完全互换法　　(D) 调整法

6. 以下(　　)是属于装配连接方法中的可拆连接。

(A) 铆钉　　(B) 焊接　　(C) 键　　(D) 过盈

7. 为防止螺钉，螺母在工作时，产生松动，以下连接没有防松装置的是(　　)。

(A) 弹簧垫圈　　(B) 双螺母　　(C) 平垫圈　　(D) 止退垫圈

8. 过盈配合装配，当轴类零件的相配件很大时，可采用(　　)方法进行。

(A) 手锤敲入　　(B) 压力机压力　　(C) 红套套入　　(D) 干冰冷却轴类零件

四、问答题

1. 什么叫做组件装配，什么叫做部件装配？它们与总装配有什么关系？

2. 结合实习中装配实例，编制装配单元系统图。

3. 螺纹连接有哪些形式？在交变载荷和振动情况下使用，有哪些防松措施？

4. 滚动轴承装配时有哪几种方法？怎样检查其质量？

5. 从装配工作出发，零件结构设计时应考虑哪些问题？

6. 机器拆卸时应注意什么？

6 管　工　实训报告

班级		姓名		学号		日期		成绩	

目的要求

1. 了解管工的基本知识。
2. 了解管工常用工具、设备的工作原理、结构和使用方法。
3. 了解管道系统水压试验的目的、要求和方法。
4. 初步掌握套丝的操作方法和典型管道系统的安装。

实训报告

一、判断题

1. 根据我国现行的标准规定，管子的公称直径一律采用公制尺寸。（　）
2. 无缝钢管的规格是以它的内径和壁厚作为生产和使用的依据。（　）
3. 塑复管常用于供应热水和食用水场合，其缺点是弯曲施工时易反弹，且管材价格高。（　）
4. 聚氯乙烯(PVC)管材与同类管材连接时，应采用黏合剂胶合，不能采用承插连接。（　）
5. 旋塞阀的主要作用是启闭，不宜作流量调节；节流阀的主要作用是调节流量，不宜当作启闭阀。（　）
6. 套丝板调换套丝规格时，只要使活动标盘上的零线对准加工所需的管径并加以固定即可。（　）
7. 手工冷弯器中的一副胎模只能弯曲一种管径和弯曲半径的弯管。（　）
8. 在管道系统中，工作压力就是阀门、容器等设备铭牌上标注的公称压力。（　）

二、填空题

1. 常用的焊接钢管，其表面镀锌者俗称________管，可用于________、________、________等低压流体输送；其表面不镀锌者俗称________管，可用于敷设________的管道。
2. 管件在系统管道中能起到________、________、________和________等作用。
3. 闸阀和截止阀都具有________和________两个主要作用。两者相比________价格较贵，一般用于________型管道；________则用于中小型管道,价格较廉,但安装时必须注意_____________性。

4. 止回阀是利用阀前和阀后的_____________差而启闭的阀门,其作用能阻止介质_____________流动,安装时必须按照_____________方向。

5. 热弯管前,在管内充砂的目的是_____________和_____________,但砂子必须_____________,以免加热时产生_____________而发生_____________。

6. 目前管螺纹连接的填料常采用_____________代替麻丝,既方便又美观,但旋紧后决不允许因调整位置而_____________,以防_____________。填料丝带的缠绕方向应与_____________同向才能_____________。

三、选择题

1. 管材的公称直径是指(　　)。

(A) 管材的内径　　(B) 管材的外径　　(C) 通用口径　　(D) 管材的中径

2. 用切管器切断管子后,其管端的内外径变化为(　　)。

(A) 外径缩小而内径不变　　(B) 内径和外径都缩小

(C) 外径增大而内径缩小　　(D) 外径和内径都增大

3. 套丝板的后卡装置对被加工的管子的夹紧程度应当是(　　)。

(A) 轻轻接触　　(B) 松紧适中

(C) 用力夹紧　　(D) 没有要求

4. 有缝钢管冷弯时,其焊缝应处于(　　)。

(A) 偏离中心线 45°　　(B) 弯曲方向的内侧

(C) 弯曲方向的外侧　　(D) 任意位置均可

5. 在系统管道的连接中,要使密封性好,装拆方便,采用的方法是(　　)。

(A) 短丝连接　　(B) 活管接连接

(C) 长丝连接　　(D) 任意连接

6. 管道试压中,强度试验采用(　　)做试验介质。

(A) 煤油　　(B) 水　　(C) 气体　　(D) A、B、C 均可

四、问答题

1. 圆锥管螺纹与圆柱管螺纹相比有何优点?

2. 简述套丝板的板牙松紧装置在套丝过程中的作用。

3. 在弯管操作中,冷弯与热弯主要区别在哪里?

4. 简述法兰连接的优点和安装要点。

5. 常用管道阀门有哪几种？（至少列出 5 种）

6. 通过管工实习，总结管道系统安装和试压的操作步骤及注意事项。

7 车　工 实训报告

（1）切削加工基础知识

班级		姓名		学号		日期		成绩	

目的要求

1. 了解金属切削加工基本知识。
2. 了解加工精度和表面粗糙度等基本概念。
3. 了解常用量具的测量原理和构成。
4. 掌握常用量具的使用方法。

实训报告

一、判断题

1. 切削加工时，由于机床不同，主运动也不同。主运动可以是一个或有几个。（　）
2. 加工余量的分配与工序性质有关。一般粗加工时余量大，精加工时余量小。（　）
3. 圆柱塞规长的一端是止端，短的一端是通端。（　）
4. 千分尺又称分厘卡，可以测量工件的内径、外径和深度等。（　）
5. 为了使测出毛坯的尺寸精确些，可采用游标卡尺测量。（　）
6. 用百分表测量工件的长度，能得到较精确的数值。（　）
7. 工件的表面粗糙度是切削过程中的振动、刀刃或磨粒摩擦留下的加工痕迹。（　）
8. 符号“⊙”表示圆度，符号“○|○”表示对称度。（　）

二、填空题

1. 切削用量三要素是指____________、____________和____________。
2. 加工余量的定义是________________________________。
3. 切削加工的质量指标包括____________和____________。
4. 国家标准规定尺寸精度分为____________级，每级以 IT 后面加数字表示，数字越大其精度越____________。
5. 切削用量的合理选择，有利于提高____________，提高____________，延长____________。
6. 检测表面粗糙度 R_a 数值，可采用____________法和____________法。

7. 机械加工中常用的量具有＿＿＿＿＿＿、＿＿＿＿＿＿、＿＿＿＿＿＿、＿＿＿＿＿＿等。

8. 百分表主要用来检测工件的＿＿＿＿＿＿和＿＿＿＿＿＿，还常用于机加工安装中的＿＿＿＿＿＿。

三、选择题

1. 切削加工时，在工件上有(　　)个不断变化的表面。
   (A) 1　　(B) 2　　(C) 3　　(D) 4

2. 形位精度中表示位置度的符号是(　　)。
   (A) ⌓　　(B) ⌒　　(C) ⊥　　(D) ⌖

3. 检验成批和大量生产的零件尺寸时，使用(　　)测量较为方便。
   (A) 游标卡尺　　(B) 卡钳
   (C) 千分尺　　(D) 塞规、卡规

4. 在切削液中，滑润作用最好的是(　　)。
   (A) 水　　(B) 乳化液
   (C) 切削油　　(D) A+B

5. 工件的表面粗糙度 R_a 值越小，则工件的尺寸精度(　　)。
   (A) 越高　　(B) 越低　　(C) 不一定

6. 读数准确度为 0.01mm 的百分表，当测量头与齿杆向上或向下移动 1mm 时，通过传动齿轮带动大指针转(　　)圈。
   (A) $\frac{1}{100}$　　(B) $\frac{1}{10}$　　(C) 1　　(D) 10

四、问答题

1. 简述切削加工的任务和分类。

2. 什么是主运动和进给运动？并举例说明。

3. 简述精度为 0.02mm 游标卡尺测量工件尺寸的原理。

4. 形状精度与位置精度各有哪些项目？各项目的标识符号是什么？

5. 举例说明如何使用百分表检测工件的形状精度与位置精度。

6. 怎样正确使用和保养量具?

(2) 普通车床、车刀和车床安全操作技术

班级		姓名		学号		日期		成绩	

目的要求

1. 了解车削的工艺特点和应用范围。
2. 熟悉普通车床组成、运动、用途及传动系统。
3. 了解刀具材料的性能和要求。
4. 熟悉常用车刀的组成和结构、车刀的主要角度及其作用、车刀的刃磨和安装。
5. 掌握车床的操作和主要机构的调整。
6. 了解通用车床的型号和车床安全操作技术。

实训报告

一、判断题

1. 车刀在切削工件时,使工件产生已加工表面、过渡表面(加工表面)和待加工表面。 (　　)
2. 车床的转速越快,则进给量也越大。 (　　)
3. 车床的切削速度选得越高,则所对应转速一定越高。 (　　)
4. 车刀的主偏角越大,径向力反而越小。 (　　)
5. 粗车时,往往采用大的背切刀量(切削深度)、较大的进给量和较慢的转速。 (　　)
6. 在车床上用丝杠带动溜板箱时,可实现机动进给车外圆。 (　　)
7. 要改变切屑的流向,可以改变车刀的刃倾角。 (　　)
8. 钨钛钴类硬质合金硬度高,耐磨、耐热性好,可以加工各种工件材料。 (　　)
9. 切削速度是车床主运动的线速度。 (　　)
10. 车削时要注意安全,必须戴好手套,穿合适的工作服,女同志还要戴好工作帽。 (　　)
11. 要改变进给量,不一定要停车进行。 (　　)
12. 要改变转速,必须停车进行。 (　　)
13. 粗车外圆时,刃倾角磨成正或零都可以。 (　　)
14. 精车外圆时,刃倾角磨成正或零都可以。 (　　)
15. 只要改变进给量,一定能达到断屑的目的。 (　　)

二、填空题

1. 车床的加工范围为__________、__________、__________、__________、__________、__________、__________、__________、__________、__________。
2. 型号 C6132 机床,其中 C 表示__________,6 表示__________,1 表示__________,32 表示__________。

3. 你所实习的车床型号为__________，能加工的最大工件直径为__________。工件最长可达__________。能穿过主轴孔的最大毛坯直径为__________，主轴锥孔为__________，尾架锥孔为__________。车床最高转速为__________，最低转速为__________，最小进给量为__________。车刀中心高为__________，车床丝杠螺距为__________。

4. 常用刀具材料种类有__________、__________、__________、__________、__________等。

5. 磨高速钢车刀应选用__________砂轮，磨硬质合金车刀应选用__________砂轮。

6. 车床操作时，开车前要检查__________、__________、__________及__________的位置是否正确。操作中要调整转速时，必须__________进行。

7. 安装车刀时，刀尖应对准工件的__________。

8. 车削塑性材料工件时，车刀前角应取__________些，车削硬脆性材料工件时，车刀前角应取__________些。

9. 按图示刀具上的位置，标出相应名称：

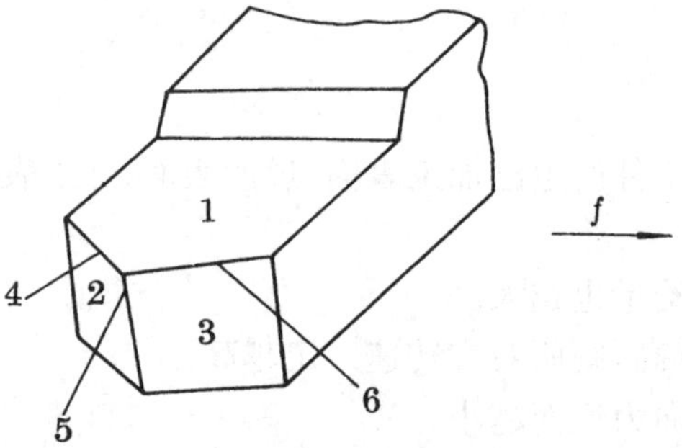

（第 9 题）

10. 按图示车床上的位置，标出相应名称：

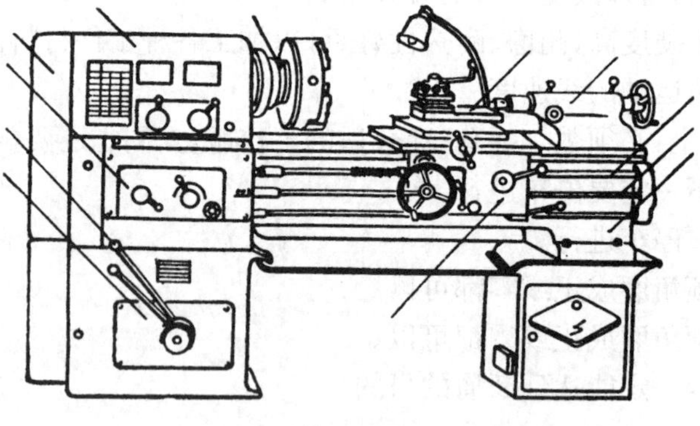

（第 10 题）

三、选择题

1. 在普通车床上加工零件能达到的精度等级为（　　）。表面粗糙度 R_a 值为（　　）μm。

(A) IT3～IT7　　(B) IT6～IT8　　(C) IT7～IT10

(D) 3.2～1.6　　(E) 0.8～0.4　　(F) 0.2～0.1

2. 精加工铸铁工件应选用（　　）车刀。

(A) YG3　(B) YG8　(C) YT5　(D) YT30

3. 刃磨高速钢应选用(　　),刃磨硬质合金应选用(　　)。
(A) 白色氧化铝砂轮　(B) 绿色碳化硅砂轮
(C) 黑色碳化硅砂轮　(D) 普通氧化铝砂轮

4. 粗车时刃倾角应选(　　),精车时刃倾角应选(　　)。
(A) 正　(B) 负　(C) 正或负　(D) 负或零　(E) 零

5. 车床主轴箱中起传递动力和过载保护的是(　　)。
(A) 制动器　(B) 安全挡块　(C) 摩擦离合器　(D) 中间齿轮

6. 硬质合金刀具性能好坏的主要指标是(　　)。
(A) 红硬性　(B) 冷硬性　(C) 耐磨性　(D) 坚韧性

7. 车刀前角的主要作用是(　　)。
(A) 使刀刃锋利,减少切削变形　(B) 改善刀具散热状况
(C) 控制切屑的流向

8. 车削操作时,更换主轴转速应(　　)。
(A) 先停车,再变速　(B) 不停车,直接变速
(C) 点动开关变速

9. 车刀上切屑流过的表面称为(　　)。
(A) 切削平面　(B) 前刀面　(C) 主后刀面　(D) 副后刀面

10. 车刀刃倾角的大小取决于(　　)。
(A) 切削速度　(B) 工件材料
(C) 粗或精加工类型　(D) 背切刀量(切削深度)和进给量

11. 粗车碳钢,应选用车刀材料是(　　)。
(A) YG3　(B) YG8　(C) YT5　(D) YT30

四、问答题

1. 机床上常用的传动方法有哪些?简述各自的特点。

2. 简述你所实习车床进给运动的传动路线。

3. 车刀有哪几个主要角度?这些角度的作用是什么?

4. 通过刃磨车刀实习,写出车刀刃磨步骤。

(3) 工件装夹方法、车外圆、端面、台阶、圆锥、切槽和切断

班级		姓名		学号		日期		成绩	

目的要求

1. 熟悉车削时常用零件装夹方法的特点和应用。卧式车床常用附件的结构和用途。
2. 掌握车外圆、端面、台阶、圆锥、切槽和切断的操作方法。
3. 正确使用刀具、夹具和量具,能独立完成简单零件的车削加工。

实训报告

一、判断题

1. 用三爪卡盘夹住轴类零件,另一端用顶尖顶住,三爪卡盘夹住的毛坯部分越长越好。 ( )
2. 车外圆时车刀中心略高略低都可以,而车圆锥和实心端面时车刀刀尖必须严格等于车床中心高。 ( )
3. 切断刀刃磨和安装应有两个对称的副偏角、副后角和主偏角。 ( )
4. 采用转动小拖板法和偏移尾架法都可加工锥体和锥孔。 ( )
5. 车削外圆时,背切刀量(切削深度)和进给量不变,分别采用 45°偏刀和 90°偏刀,其切削宽度是一样的。 ( )
6. 车端面时,车刀从工件圆周表面向中心走刀比由中心向外走刀得到的表面粗糙度要高。 ( )
7. 采用一夹一顶装夹工件,适用于安装工序多、精度要求高的工件。 ( )
8. 莫氏圆锥是国际标准。 ( )
9. 花盘一般直接安装在车床卡盘上。 ( )
10. 车圆锥面,只要圆锥面的尺寸精度、形位精度和表面粗糙度符合图纸要求,则为合格品。 ( )
11. 车刀车端面时,采用同一转速,其切削速度保持不变。 ( )
12. 粗车外圆时,应避免中速,则可产生积屑瘤,保护刀尖。 ( )

二、填空题

1. 中心架的作用是____________________,使用时必须保证____________________与____________________重合。
2. 车端面时,车刀安装要求为__________,否则会__________。车出凸端面的原因是__________,车出凹端面的原因是__________。
3. 粗车直径为 $\phi60$ 的工件(材料为中碳钢),应选用切削速度为__________,转速为__________,背切刀量(切削深度)为__________,进给量为__________。

精车时切削速度为＿＿＿＿＿＿，转速为＿＿＿＿＿＿，背切刀量为＿＿＿＿＿＿，进给量为＿＿＿＿＿＿。

4. 对切断刀的＿＿＿＿＿＿和＿＿＿＿＿＿要求高，对＿＿＿＿＿＿的刚度要求大。

5. 车床上装夹工件用的附件有＿＿＿＿＿＿、＿＿＿＿＿＿、＿＿＿＿＿＿、＿＿＿＿＿＿、＿＿＿＿＿＿。

6. 两顶尖装夹轴类工件时，工件两端面必须先＿＿＿＿＿＿，用两顶尖装夹工件的主要缺点是＿＿＿＿＿＿，因此不适合装夹＿＿＿＿＿＿工件。

7. 断屑槽的形状主要有＿＿＿＿＿＿和＿＿＿＿＿＿，其尺寸取决于＿＿＿＿＿＿和＿＿＿＿＿＿。

8. 莫氏圆锥共有＿＿＿＿＿＿个号，其中＿＿＿＿＿＿号尺寸最小，＿＿＿＿＿＿号尺寸最大。

9. 车刀刀尖处磨成小圆弧的主要目的是为了增加＿＿＿＿＿＿，改善＿＿＿＿＿＿条件。

10. 使用死顶尖的优点是＿＿＿＿＿＿好，＿＿＿＿＿＿高。

三、选择题

1. 车台阶的右偏刀，其主偏角应为(　　)。
   (A) 75°　(B) 90°　(C) 93°　(D) 45°

2. 小批量加工锥度大的锥体应采用(　　)，成批生产小锥度锥体应采用(　　)。
   (A) 转动小拖板法　(B) 偏移尾架法　(C) 靠模法

3. 夹持力最强的是(　　)，工件整个长度上同心度最好的装夹是(　　)。
   (A) 三爪卡盘　(B) 四爪卡盘　(C) 双顶尖加鸡心夹头　(D) 套筒夹头

4. 在车床上，用转动小拖板法车圆锥时，小拖板转过的角度为(　　)。
   (A) 工件锥度　(B) 工件锥度的一倍
   (C) 工件锥度的一半

5. 车端面时，车刀从工件圆周表面向中心走刀，其切削速度是(　　)。
   (A) 不变的　(B) 逐渐增加　(C) 逐渐减少

6. 车端面时产生振动的原因是(　　)。
   (A) 刀尖磨损　(B) 车床主轴或刀台振动
   (C) 切削接触面过大　(D) A、B、C 均可能

7. 应用中心架与跟刀架的车削，主要用于(　　)。
   (A) 复杂零件　(B) 细长轴　(C) 长锥体　(D) 螺纹件

8. 车外圆时，车刀刀尖高于工件轴线则会产生(　　)。
   (A) 加工面母线不直　(B) 圆度产生误差
   (C) 车刀后角增大，前角减小

9. 切断时，防止振动的方法是(　　)。
   (A) 减小进给量　(B) 提高切削速度
   (C) 增大车刀前角　(D) 增加刀头宽度

10. 车削工件时，横向背切刀量(切削深度)再调整的方法是(　　)。

(A) 直接退转到所需刻度　　　　　　　　(B) 转动刀架向左或右偏移
(C) 相反方向退回全部空行程后，再退转到所需刻度

11. 车锥度时，车刀刀尖中心偏离工件旋转中心，会产生(　　)。
(A) 锥度变化　　　　　　　　　　　　(B) 圆锥母线成双曲线
(C) 表面粗糙度增大　　　　　　　　　(D) 表面粗糙度减小

四、问答题

1. 选择切削速度要考虑哪些因素？这些因素对切削速度有什么影响？

2. 简述三爪卡盘和四爪卡盘适用的范围和特点。

3. 中心架与跟刀架的应用情况有什么不同？

4. 简述车锥体的方法、适用范围，车锥体时车刀安装要求及锥体检验方法。

5. 弹性机夹式切断刀有什么特点？

6. 取几把车刀，刃磨出不同角度的刃倾角(或不同形状的断屑槽)，对同一工件进行车削，观察其结果，说明刃倾角对切屑流向(或断屑槽对切屑形状)的影响。

(4) 车螺纹、内孔、成形面等其他车削，车削加工工艺，其他类型车床

班级		姓名		学号		日期		成绩	

目的要求

1. 了解螺纹的基本知识，熟悉三角螺纹的主要参数。
2. 掌握车螺纹、钻孔、镗孔等操作方法和测量方法。
3. 熟悉成形面、滚花等其他车削操作。
4. 能制定简单零件的车削工艺过程。
5. 了解立车、六角车床等其他车床的组成和加工特点。

实训报告

一、判断题

1. 公制三角螺纹牙形角为60°。（　　）
2. 正反转车螺纹时，若中途重新刃磨车刀和装刀，不必扳起开合螺母手柄，以保持车刀的运动轨迹不变。（　　）
3. 钻孔后，发现孔不圆，但有铰削余量，就可利用铰刀铰孔，纠正孔的圆度误差。（　　）
4. 要求内孔加工到直径 $\phi50^{+0.03}_{0}$，经车削后，测量得内孔直径为 $\phi51$mm，说明还有余量，可再车去1mm。（　　）
5. 车 M24×2 螺纹时，转速可以任意调换，不会影响螺距。（　　）
6. 在车床上钻孔和在钻床上钻孔一样，钻头既作主运动又作进给运动。（　　）
7. 镗孔可以纠正钻孔造成的轴线偏斜。（　　）
8. 滚花后工件的直径大于滚花前工件的直径。（　　）
9. 制定车削工艺时，轴类零件和盘类零件应考虑的问题是一样的。（　　）

二、填空题

1. 安装螺纹车刀时，必须注意刀尖应与__________等高，刀尖角对称中心线应与__________垂直。
2. 外螺纹的检验，可用__________测量其外径，用__________测量其中径，用__________测量牙形角。综合检验法用__________检验。
3. 内孔直径测量，粗加工孔可用__________进行测量，较高精度的孔可用__________测量，精度高的孔可用__________、__________和__________进行测量。
4. 普通车床加工内孔的方法有__________、__________、__________、__________。
5. 车螺纹产生“乱扣”的原因是，当丝杠转过一转，工件不是__________转而造成的。
6. 镗孔能达到的精度等级为__________，表面粗糙度 R_a 值为__________。镗孔

的关键在于解决镗刀的______________和镗孔中的______________。

7. 车削薄壁套筒时，应特别注意______________力引起工件变形。
8. 滚花刀的花纹有______________和______________两种，按滚轮数量又可分为______________、______________和______________三种。
9. 六角车床适合于成批生产尺寸______________，而形状______________的零件。

三、选择题

1. 用开启和扳下开合螺母法车螺纹产生乱扣的原因是(　　)。
   (A) 车刀安装不正确　(B) 车床丝杠螺距不是工件螺距的整数倍
   (C) 开合螺母未压下去
2. M24 与 M24×2 的区别是(　　)不等。
   (A) 大径　(B) 螺距　(C) 牙形角
3. 用麻花钻钻孔的精度为(　　)，R_a 值为(　　)μm。
   (A) IT7　(B) IT9　(C) IT11
   (D) 25～12.5　(E) 12.5～6.3　(F) 6.3～3.2
4. 车削方法车出螺纹的螺距不正确，其原因是(　　)。
   (A) 主轴窜动量大　(B) 车床丝杠轴向窜动
   (C) 车刀刃磨不正确
5. 在车床上钻孔，钻出的孔径偏大的原因是(　　)。
   (A) 后角太大　(B) 顶角太小　(C) 横刃太长　(D) 两切削刃长度不等
6. 用千分尺测量工件内孔尺寸时，千分尺的(　　)读数为孔的实际尺寸。
   (A) 最大　(B) 最小　(C) 三次的平均　(D) 三次以上的平均
7. 用螺纹千分尺可测量外螺纹的(　　)。
   (A) 大径　(B) 小径　(C) 中径　(D) 螺距
8. 数量较少或单件成形面零件，采用(　　)为好。
   (A) 成形刀　(B) 双手控制法　(C) 靠模　(D) 数控机床
9. 六角车床上的钻孔，钻头安装在(　　)上。
   (A) 车床卡盘　(B) 车床尾架　(C) 转塔刀架
10. 车床丝杠螺距为 12mm，以下螺纹(　　)车削时不能采用开启开合螺母法车削。
    (A) M24　(B) M24×2.5　(C) M24×1　(D) M24×1.5
11. 螺距规螺纹样板用于测量(　　)。
    (A) 螺距　(B) 牙形角　(C) 中径　(D) 螺距和牙形角

四、问答题

1. 什么是螺纹的“乱扣”？产生的原因有哪些？如何防止？

2. 车成形面有哪些方法？简述这些方法各自的特点和应用场合。

3. 采用不同的切削用量(或不同的刀具角度的车刀)，对同一工件进行车削，观察其结果，说明切削用量(或刀具角度)对加工质量的影响。

4. 制定车削加工工艺时应注意哪些问题？

五、工艺题

制定下列零件在车削时的加工步骤。

1. 轴(材料：45 钢)

其余倒角：0.5×45°

圆角 R 0.5

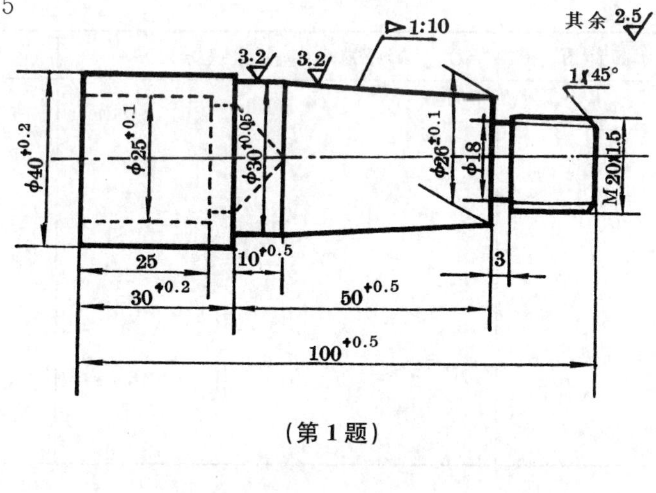

(第 1 题)

序　号	加工简图	工序内容(包括装夹方法)	刀　具

2. 齿轮坯(材料：45 钢)

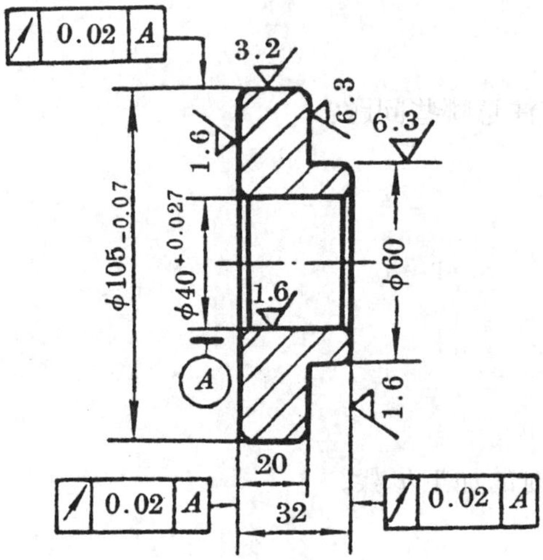

(第 2 题)

序　号	加工简图	工序内容(包括装夹方法)	刀　具

8 刨　工　实训报告

班级		姓名		学号		日期		成绩	

目的要求

1. 了解刨削的工艺特点和应用范围。
2. 了解刨床常用刀具、夹具、附件的性能、用途和使用方法。
3. 熟悉牛头刨床的操作，并掌握主要机构的调整方法。
4. 熟悉在牛头刨床上正确安装刀具与工件的方法，并掌握刨平面、垂直面和沟槽的方法和步骤。

实训报告

一、判断题

1. B6050 刨床，刨削的最大长度为 500mm。　(　　)
2. 牛头刨床只能加工平面，不能加工曲面。　(　　)
3. 龙门刨床加工时，和牛头刨床一样，刨刀的运动是主运动。　(　　)
4. 刨削加工是一种高效率、中等精度的加工工艺。　(　　)
5. 牛头刨床滑枕工作行程和返回行程长度一样，所以刨刀的工作行程速度和返回行程速度相等。　(　　)
6. 刨刀的垂直进刀可以用刀架手轮进行，也可以用工作台的上升来进行。　(　　)
7. 刨垂直面和斜面时，刀架转盘位置必须对准零线。　(　　)
8. 刨刀常做成弯头的，其目的是为了增大刀杆强度。　(　　)
9. 加工塑性材料时刨刀的前角应比加工脆性材料的前角大。　(　　)
10. 刨削加工一般不使用冷却液，因为刨削是断续切削，而且切削速度又低。　(　　)
11. 插床也是利用工件和刀具作相对直线往复运动来切削加工的，它又称为立式刨床。　(　　)
12. 刨削加工常用在大批、大量的生产类型中。　(　　)
13. 现在在很多应用场合，铣床常被用来代替刨床加工。　(　　)
14. 刨削四个面要求相互垂直的矩形工件时，可任意选择刨削顺序。　(　　)

二、填空题

1. 刨削是__________切削，每一工作行程开始都有__________现象，__________容易损坏，由此限制了__________的提高。

2. 牛头刨床刨削平面时的主运动是____________，进给运动是____________。

3. 刨垂直面时，必须使刀座偏转一定角度，其偏转方向是使刀座下端____________工件的加工面。

4. 牛头刨床滑枕行程长度靠____________进行调整，滑枕起始位置靠____________进行调整，工作台横向进给量靠____________进行调整，进给方向靠____________进行调整。

5. 图纸上表明被刨斜面与工件水平面间的夹角为 30°，刨此斜面时刨刀的垂直刀架应转动的角度为____________。

6. 刨削加工的精度可达____________，表面粗糙度 R_a 值为____________。

7. 龙门刨床的主运动是____________，进给运动是____________。

8. 牛头刨床工作行程平均速度比返回行程平均速度____________。

9. 牛头刨床可以加工的表面有____________、____________、____________、____________、____________、____________。

10. 插床的滑枕是在____________作直线往复运动。

11. 插床适合加工____________、____________零件。

12. 龙门刨床主要由____________、____________、____________、____________、____________、____________等组成。

13. 如图所示工件需刨削加工，请选择机床、刀具和装夹方法。

（1）刨平面

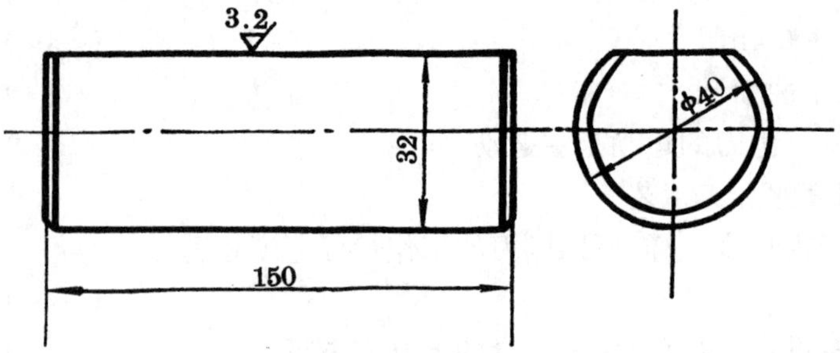

机床____________

刀具____________

装夹方法____________

［第(1)题］

（2）刨槽

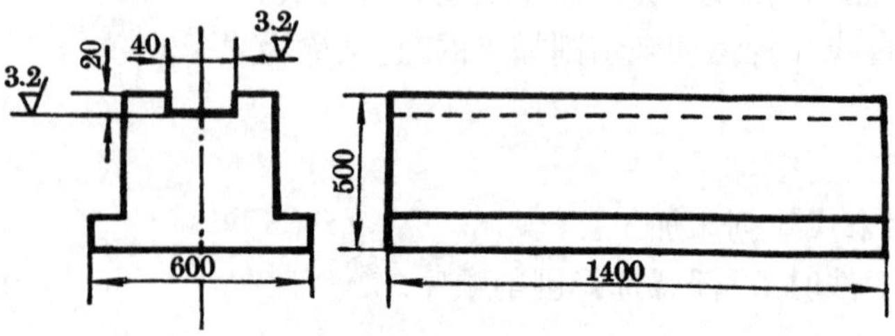

机床____________

刀具____________

装夹方法____________

［第(2)题］

14. 一般拉削加工可加工的表面有________、________、________、________、________、________、________和________。

15. 刨削垂直面时，刀架转盘刻度线要对准________线，以保证________与________垂直。

16. 刨削加工常用的工件装夹工具有________和________等几种。

17. 刨削的表面粗糙度一般与________和________等因素有关。

三、选择题

1. 牛头刨床切削速度计算式为(　　)。

(A) $v=\dfrac{Ln}{1000}$　　(B) $v=\dfrac{2Ln}{1000}$　　(C) $v=\dfrac{L\pi n}{1000}$

2. 在牛头刨床上粗刨时，一般采用(　　)。

(A) 较高的刨削速度，较小的切削深度和进给量

(B) 较低的刨削速度，较大的切削深度和进给量

(C) A和B都可以

3. 在刨削内斜面时(　　)。

(A) 刀架刻度应对零　　(B) 刀架应按要求扳转角度

(C) 在工件下垫斜块

4. 刨削加工中刀具容易损坏的原因是(　　)。

(A) 排屑困难　　(B) 容易产生积屑瘤

(C) 切削温度高　　(D) 每次工作行程开始，刨刀都受到冲击

5. 刨削时，如遇工件松动应(　　)。

(A) 立即停车　　(B) 快速紧固工件　　(C) 退刀

6. 在开动机床时应戴(　　)。

(A) 手套　　(B) 帽子　　(C) 眼镜

7. 牛头刨床横向走刀量的大小靠(　　)。

(A) 棘爪拨动棘轮齿数的多少实现　　(B) 调整刀架手柄实现

(C) A和B都可以

8. 在刨削中切屑应(　　)。

(A) 用毛刷刷掉　　(B) 用嘴吹掉　　(C) 用手拿掉

9. 刨削加工在机械加工中仍占一定地位的原因是(　　)。

(A) 生产率低，但加工精度高

(B) 加工精度较低，但生产率较高

(C) 工装设备简单，宜于单件生产、修配工作

(D) 加工范围广泛

10. 刨刀与车刀相比，其主要差别是(　　)。

(A) 刀头几何形状不同　　(B) 刀杆长度比车刀长

(C) 刀头的几何参数不同　　(D) 刀杆的横截面积比车刀大

11. 对于形状较大的工件，常用的装夹工具是(　　)。

(A) 平口钳　　(B) 压板螺栓　　(C) 三爪卡盘

12. 下列机床中不适合孔内键槽加工的是(　　)。

（A）牛头刨床　　（B）插床　　（C）龙门刨床　　（D）拉床

四、问答题

1. 刨削前，根据被加工工件的工艺要求必须对牛头刨床作哪些调整？

2. 刨削时的常用装夹方法有哪几种？各有什么特点？

3. 粗刨和精刨有什么区别？

4. 刨刀刀架为什么要做成可抬起的？

5. 在刨垂直面和斜面时，刀座应当如何扳转角度？

6. 刨削平行垫块四面时，为什么要在工件和平口钳的活动钳口之间垫一根圆棒？

7. 在牛头刨床上刨削长度为 80mm 的工件，设所调行程长度为 100mm，选用滑枕每分钟往复次数为 80，求刨削速度？

8. 刨削时工件表面产生波纹应如何处理？

五、工艺题

写出如图所示综合件的刨削加工步骤。

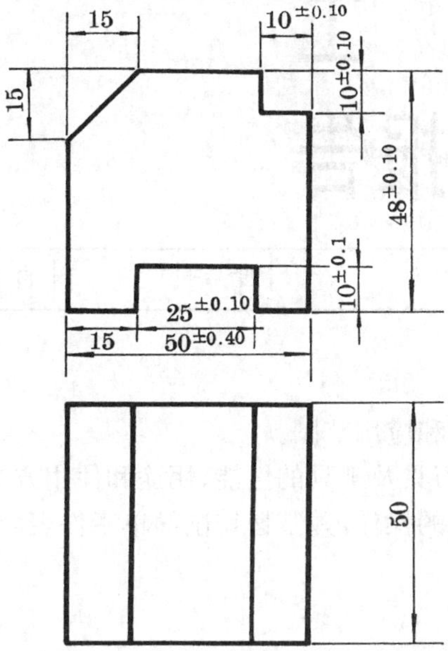

(第五题)

序　号	加工简图	工序内容(包括装夹方法)	刀　具

9 铣　工实训报告

班级		姓名		学号		日期		成绩	

目的要求

1. 了解铣削的工艺特点和应用范围。
2. 了解常用铣床附件、刀具及工具的性能、用途和使用方法。
3. 熟悉卧式和立式铣床的操作，并掌握铣削简单零件表面的方法。

实训报告

一、判断题

1. 在立式铣床上不能加工键槽。（　　）
2. 在铣削加工过程中，工件作主运动，铣刀作进给运动。（　　）
3. 铣刀的结构形状不同，其安装方法相同。（　　）
4. 卧式铣床主轴的中心线与工作台面垂直。（　　）
5. 铣刀是多齿刀具，每个刀齿都在连续切削，所以铣削生产效率比刨削高。（　　）
6. 分度盘正反两面都有许多孔数相同的孔圈。（　　）
7. 用圆柱铣刀铣削工件，逆铣时切削厚度由零变到最大；顺铣时则相反。（　　）
8. 当分度手柄转一周，主轴即转动$\frac{1}{40}$周。（　　）
9. 在成批生产中，可采用组合铣刀同时铣削几个台阶面。（　　）
10. T 型槽可以用 T 形槽铣刀直接加工出来。（　　）
11. 万能铣床表示立铣和卧铣能加工的，它都能完成。（　　）
12. 精铣时一般选用较高的切削速度，较小的进给量和切削深度。（　　）
13. 带孔铣刀由刀体和刀齿两部分组成，它主要在立式铣床上使用。（　　）
14. 用万能立铣头可铣削斜面。（　　）
15. 铣沟槽时只能用平口钳装夹。（　　）

二、填空题

1. X6132 型号机床，其中 X 表示____________，6 表示____________，1 表示____________，32 表示____________。
2. 铣削平面的常用方法有____________和____________，其中____________较常用，周铣包括____________和____________两种，而____________较常用。
3. 铣削加工的精度一般为____________，表面粗糙度 R_a 值为____________。

4. 分度头的定数即是分度头蜗轮的____________。使用分度头作业时，如要将工件转10°，则分度头手柄应摇____________圈。

5. 使用分度头进行分度的方法有____________、____________、____________、____________。

6. 铣床的主要附件有____________、____________、____________。

7. 铣削用量的四要素是____________、____________、____________、____________。其中____________对铣刀耐用度影响最大。

8. 顺铣时，水平切削分力与工件进给方向____________，逆铣时，水平切削分力与工件进给方向____________。

9. 敞开式键槽，一般采用____________铣刀在卧式铣床上铣削。

10. 铣削的尺寸精度不高和难达到较低的表面粗糙度值，其主要原因是____________。

11. 填出如图所示各种铣刀的名称。

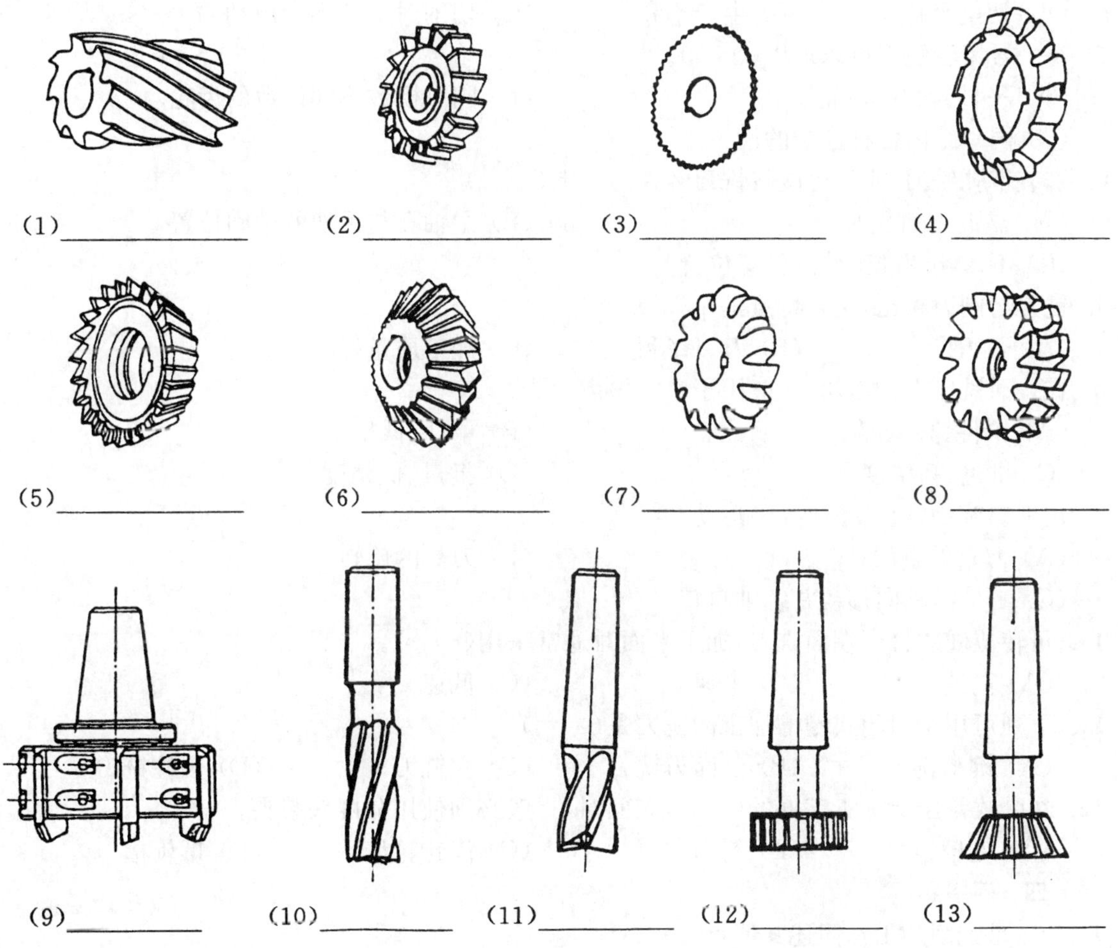

(1)__________ (2)__________ (3)__________ (4)__________

(5)__________ (6)__________ (7)__________ (8)__________

(9)__________ (10)__________ (11)__________ (12)__________ (13)__________

(第11题)

12. 精铣时,铣削用量选择的顺序是:先选取____________,后选取____________,最后确定____________。

13. 铣削平面时出现平面不平整,一般应检查____________、____________和____________等几个方面是否有问题。

三、选择题

1. 分度头的回转体在水平轴线内可转动(　　)。
   (A) 0°～180°　　(B) 0°～98°　　(C) −10°～110°
2. 在长方体工件上直接钻孔铣封闭槽可采用(　　)。
   (A) 圆柱形铣刀　　(B) T形槽铣刀　　(C) 键槽铣刀
3. 回转工作台的主要用途是加工(　　)。
   (A) 等分的零件　　(B) 圆弧形表面和圆弧形腰槽
   (C) 体积小、形状较规则的零件
4. 逆铣比顺铣突出的优点是(　　)。
   (A) 切削平稳　　(B) 生产率高　　(C) 切削时工件不会窜动
5. 每一号齿轮铣刀可以加工(　　)。
   (A) 一种齿数的齿轮　　(B) 同一模数不同齿数的齿轮
   (C) 同一组内各种齿数的齿轮
6. 安装带孔铣刀,应尽可能将铣刀装在刀杆上(　　)。
   (A) 靠近主轴孔处　　(B) 主轴孔与吊架的中间位置
   (C) 不影响切削工件的任意位置
7. 铣刀与刨刀相比,主要特点是(　　)。
   (A) 刀刃多　　(B) 刀刃锋利　　(C) 加工质量好
8. 在普通铣床上铣齿轮,一般用于(　　)齿轮。
   (A) 单件、高精度　　(B) 单件、低精度
   (C) 批量、高精度　　(D) 批量、低精度
9. 铣削螺旋槽,应具备(　　)运动。
   (A) 刀具的直线　　(B) 刀具的旋转
   (C) 工件沿轴向移动并绕轴自转
10. 可转位硬质合金端面铣刀,加工平面时通常采用(　　)。
    (A) 高速　　(B) 中速　　(C) 低速
11. 下列可用于封闭式键槽加工的铣刀是(　　)。
    (A) 键槽铣刀　　(B) 三面刃铣刀　　(C) 立铣刀　　(D) 圆柱铣刀
12. 在卧式铣床上加工工件的(　　)表面时,一般必须使用分度头装夹。
    (A) 键槽　　(B) 斜面　　(C) 齿轮轮齿　　(D) 螺旋槽

四、问答题

1. 什么是铣削加工?简述其特点。

2. 为什么铣削加工时，一定要开机前对刀，停机后变速？

3. 用端面刀和圆柱铣刀铣平面各有什么特点？

4. 试述分度头的功用，万能分度头装夹工件的方法有几种？其定位基准是什么？

5. 拟铣一齿数为 38 齿的直齿圆柱齿轮，用简单分度法计算出每铣一齿，分度头手柄应转多少圈？（已知分度盘的各圈孔数正面为 46、47、49、51、53、54，反面为 57、58、59、62、66）

6. 已知铣刀直径 $D=100$mm，铣刀齿数 $z=16$，每齿进给量 $u_f=0.03$mm/z，如铣削速度 $v=30$m/min，试求每分钟进给量 f？

7. 在 V 形铁上安装轴类零件铣键槽时，如何保证键槽对称轴的中心线？

8. 用键槽铣刀在立式铣床上加工键槽时发现槽的宽度尺寸不对且键槽对称性不好，请问应如何处理以便此问题得到改善？

五、工艺题

1. 图示工件的各表面（平面）已加工完毕，写出铣削直角槽和 V 形槽的工艺步骤。

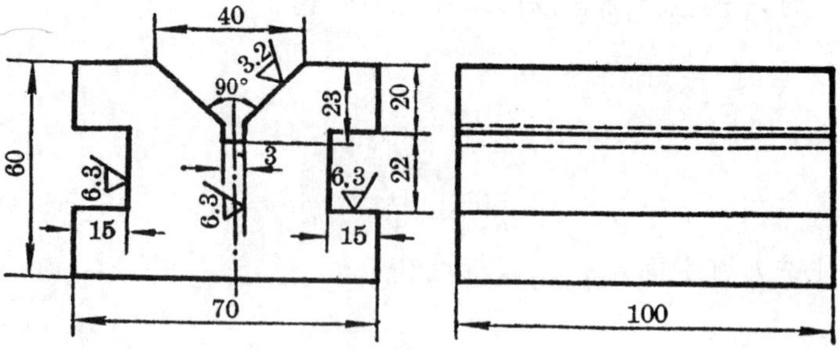

(第 1 题)

序　号	加工简图	工序内容(包括装夹方法)	刀　　具

2. 试写出如图所示零件在铣床上的加工工艺顺序(车床已完成车削)。

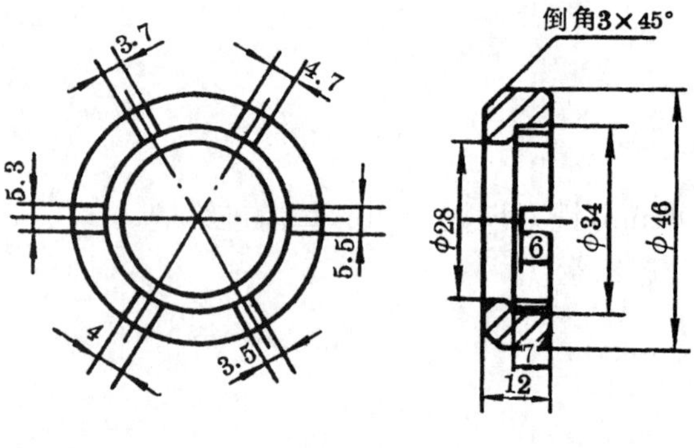

(第 2 题)

序　号	加工简图	工序内容(包括装夹方法)	刀　　具

10 齿形加工实训报告

班级		姓名		学号		日期		成绩	

目的要求

1. 了解常用齿形的加工方法。
2. 了解齿轮加工机床的分类和应用。
3. 了解齿轮的加工和测量的基本知识。

实训报告

一、判断题

1. 滚齿机主要适合加工双联齿、多联齿及内齿。 (　　)

2. 测量齿轮主要是测量齿轮的公法线长度。 (　　)

3. 齿轮加工时常用乳化液作为切削液。 (　　)

4. 让刀运动是插齿机特有的一种运动。 (　　)

5. 用展成法加工的齿形精度要比成形法加工的齿形精度高。 (　　)

6. 渐开线齿轮中标准模数和标准压力角所在的圆叫做分度圆。 (　　)

7. 插齿机比滚齿机加工齿轮的精度高，但生产效率低。 (　　)

8. 一般滚刀的标准压力角为30°。 (　　)

9. Y3150 滚齿机，其加工齿轮的最大直径为500mm。 (　　)

10. 斜齿轮传动时，会产生轴向力，因此同直齿轮相比，其传动平稳性差，传递力矩较小。 (　　)

11. 滚齿机加工模数相同而齿数不同的齿轮时，可以使用同一把滚刀。 (　　)

12. 插齿机既可加工直齿、斜齿圆柱齿轮，又可加工内齿轮和多联齿轮。 (　　)

二、填空题

1. 一对标准直齿轮啮合的必要条件是______________和______________。

2. 标准齿轮各部分尺寸计算的主要参数是______________、______________、______________。

3. Y54 型号机床，其中 Y 表示______________，5 表示______________，4 表示______________。Y7131 型号机床，7 表示______________，1 表示______________，31 表示______________。

4. 齿形加工按形成齿廓曲线原理分为______________和______________两大类，其中铣齿属于______________，滚齿属于______________。

5. 滚齿加工的运动组成是____________、_____________、______________、_____________。
6. 齿轮测量的主要量具是______________、______________。
7. 齿轮的精度要求有__________________、____________________、____________________和________________。
8. 滚齿机主要有_______________、________________________________、_______________、______________、______________等部件组成。
9. 滚齿前除了滚刀和工件的安装外，还须调整______________、_______________、______________________、______________、______________等。
10. 插齿机加工齿轮共有________、________、________、________和________等5种运动。

三、选择题

1. 插齿机能加工(　　)。
   (A) 沟槽　　(B) 斜齿　　(C) 内齿
2. 批量生产齿轮的方法一般采用(　　)。
   (A) 成形法　　(B) 展成法　　(C) A、B都行
3. 用展成法加工齿轮时，刀具选择与(　　)有关。
   (A) 工件的齿数　　(B) 工件的模数　　(C) 工件的材料
4. 在插齿加工时(　　)。
   (A) 刀具不转动、工件转动　　(B) 工件不转动、刀具转动
   (C) 工件、刀具同时转动
5. 锥齿轮的加工设备一般是(　　)。
   (A) 滚齿机　　(B) 插齿机　　(C) 刨齿机　　(D) 铣床
6. 有一对相互啮合的标准直齿轮，$z_1=31$，$z_2=43$，$m=3.75$，两齿轮之间的中心距为(　　)mm。
   (A) 136.5　　(B) 138.75　　(C) 140　　(D) 140.25
7. 已知一标准直齿圆柱齿轮的分度圆直径 $d_{分}=120$mm，模数 $m=3.75$，它的齿数为(　　)。
   (A) 30　　(B) 32　　(C) 34　　(D) 48
8. 滚齿时也有顺铣和逆铣，当滚刀的旋转方向与工件运动方向(　　)时，称为逆铣。
   (A) 相同　　(B) 相反
9. 测量齿轮的公法线长度，一般采用(　　)。
   (A) 深度游标卡尺　　(B) 外径千分尺
   (C) 公法线千分尺或游标卡尺
10. 为了保证在全齿宽上切出正确的齿形，滚齿机是通过(　　)运动来实现的。
    (A) 滚刀旋转运动　　(B) 齿坯旋转运动
    (C) 滚刀垂直进给运动　　(D) 工件垂直进给运动
11. 在卧式铣床上加工圆柱齿轮一般使用(　　)刀具。
    (A) 齿轮盘状铣刀　　(B) 滚齿刀
    (C) 立铣刀

四、问答题

1. 插齿机在加工齿轮时必须具备哪些运动？

2. 齿轮是如何分类的？

3. 插齿刀有哪几种，各用于加工哪种齿轮？

4. 为什么滚齿和插齿均能用一把刀具加工同一模数任意齿数的齿轮？

5. 成形法和展成法加工齿轮各有何特点？

6. 试述滚齿机、插齿机的加工范围以及所能达到的精度等级和表面粗糙度 R_a 值。

7. 滚齿时为什么要对中心？怎样对中心？

8. 滚斜齿轮与直齿圆柱齿轮时，其操作方法有哪些不同？

9. 用盘状铣刀加工齿轮时，为什么得不到较高的加工精度？

11 磨 工 实训报告

班级		姓名		学号		日期		成绩	

目的要求

1. 了解磨床加工的特点及加工范围。

2. 了解磨床的种类及用途,了解液压传动的一般知识。

3. 了解砂轮的特性、砂轮的选择和使用方法。

4. 掌握外圆磨床和平面磨床的操纵及其正确安装工件的方法,并能完成磨外圆和平面的加工。

5. 了解磨床加工中的质量问题及产生的原因。

6. 了解光整加工及磨削先进技术。

实训报告

一、判断题

1. 磨削实际上是一种多刃刀具的超高速切削。 (　　)

2. 砂轮的硬度是指磨料本身所具有的硬度。 (　　)

3. 淬火后零件的后道加工,比较适宜的方法是磨削。 (　　)

4. 砂轮上的孔隙是在制造过程中形成的,实质上在磨削时并不起作用。 (　　)

5. 砂轮具有一定的自锐性,因此磨削过程中,砂轮并不需要修整。 (　　)

6. 工件材料的硬度越高,选用的砂轮硬度也应越高。 (　　)

7. 内圆磨削时,砂轮和工件的旋转方向应相同。 (　　)

8. 磨床工作台采用机械传动,其优点是工作平稳,无冲击振动。 (　　)

9. 纵向磨削法可以用同一砂轮加工长度不同的工件,适宜于磨削长轴和精磨。 (　　)

10. 为了提高加工精度,外圆磨床上使用的顶尖都是死顶尖。 (　　)

11. 周边磨削平面,由于砂轮与工件接触面小,排屑容易,散热条件好,所以能达到较高的加工精度。 (　　)

12. 研磨、珩磨和超精加工都属于光整加工。 (　　)

13. 砂带磨削效率高,但不能用于无心磨和成形磨。 (　　)

二、填空题

1. 磨床种类有__________、__________、__________、__________、__________等。

2. 你实习中操作的磨床型号是____________,型号中字母含义是____________、数字含义分别是________________________。
3. 磨削时砂轮的转动是____________运动,纵、横向移动都是____________。
4. 砂轮的特性有____________、____________、____________、____________、____________、____________、____________等。
5. 结合剂的代号 V 表示____________、B 表示____________、R 表示____________、M 表示____________。
6. 砂轮的组织结构三要素是指____________、____________、____________。
7. 外圆磨削时,工件的装夹方法有____________、____________、____________、____________。
8. 在外圆磨床上磨外圆的方法有____________、____________、____________、____________。
9. 磨削时需要大量切削液的目的是____________、____________、____________、____________。
10. 磨内孔时,砂轮在工件中的磨削位置有____________接触和____________接触两种。
11. 外圆磨床的工作台是由____________传动,它的特点是____________、____________、____________、____________、____________等。
12. 平面磨削时,常用的方法有____________、____________。
13. 磨削下列图示零件时,请选择机床、砂轮和装夹方法。(材料均为 45 钢)

(1) 磨外圆

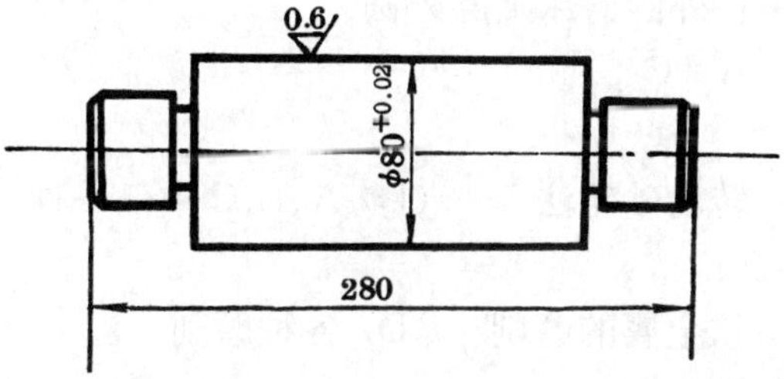

机床________________________

砂轮________________________

装夹方法________________________

(2) 磨锥孔

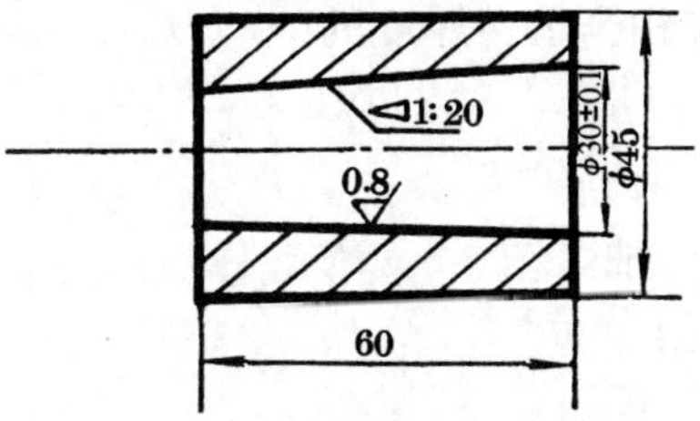

机床________________________

砂轮________________________

装夹方法________________________

(3) 磨平面

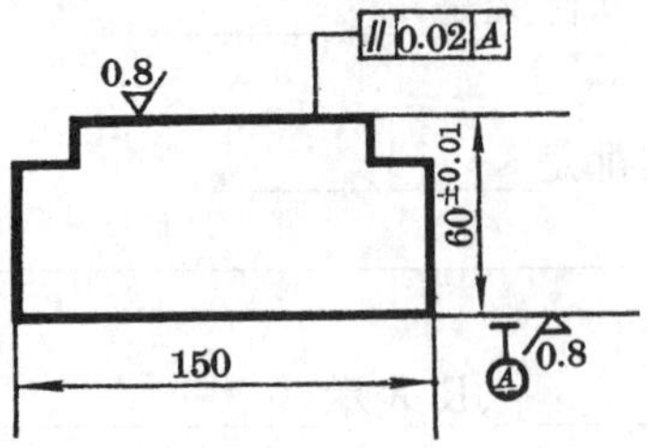

机床________________

砂轮________________

装夹方法________________

三、选择题

1. 外圆磨削时，砂轮的圆周速度一般为(　　)。

(A) $v_{砂}=5\sim15m/s$　　(B) $v_{砂}=30\sim50m/s$

(C) $v_{砂}=60\sim80m/s$　　(D) $v_{砂}=100\sim150m/s$

2. 磨削冷却液通常使用的是(　　)。

(A) 机油　　(B) 乳化液　　(C) 自来水　　(D) 机油＋水

3. 薄壁套筒零件，在磨削外圆时，一般采用(　　)。

(A) 两顶尖装夹　　(B) 卡盘装夹　　(C) 心轴装夹　　(D) A、B、C 中任一种

4. “砂轮的硬度”是指(　　)。

(A) 砂轮上磨料的硬度

(B) 在硬度计上打出来的硬度

(C) 磨粒从砂轮上脱落下来的难易程度

(D) 砂轮上磨粒体积占整个砂轮体积的百分比

5. 一根同轴度要求较高的淬硬钢台阶轴，其各段外圆表面的精加工应为(　　)。

(A) 精密车削　　(B) 在外圆磨床上磨外圆

(C) 在无心磨床上磨外圆　　(D) A＋C

6. 磨削锥度较小的圆锥面，应采用(　　)。

(A) 转动工作台　　(B) 转动头架法　　(C) 转动砂轮法　　(D) A、B、C 中任一种

7. 粒度粗、硬度大、组织疏松的砂轮适合于(　　)。

(A) 精磨　　(B) 硬金属的磨削　　(C) 软金属的磨削　　(D) 各种磨削

8. 磨细长轴外圆时，工件的转速及横向进给量应分别为(　　)。

(A) 低、小　　(B) 高、小　　(C) 低、大　　(D) 高、大

9. 内圆磨削时，短圆柱形工件一般用(　　)装夹。

(A) 三爪卡盘　　(B) V 形夹具　　(C) 心轴　　(D) 中心架

10. 磨削小面积或薄形工件的平面时，选用挡块的厚度应相当工件厚度的(　　)。

(A) 1/2　　(B) 2/3　　(C) 1　　(D) 2

11. 磨削精度较高的套类工件的外圆表面时，应使用(　　)。

(A) 带台阶圆柱心轴　　(B) 锥形心轴

(C) 无台阶圆柱心轴　　(D) 中心架

12. 无心磨削外圆，工件夹持依靠(　　)。

(A) 夹头和活络顶尖　　(B) 托片，导轮和砂轮

(C) 压轮，支持滚轮和导轮　　(D) 两个死顶尖

四、问答题

1. 简述磨削加工的特点和应用范围。

2. 选择砂轮的原则是什么？

3. 磨削内孔与磨削外圆相比，有何特点？

4. 试述周磨法和端磨法两种磨平面方法各自的优缺点。

5. 如图为万能外圆磨床工作台液压传动示意图，请写出工作台向右运动时的进油路和回油路。

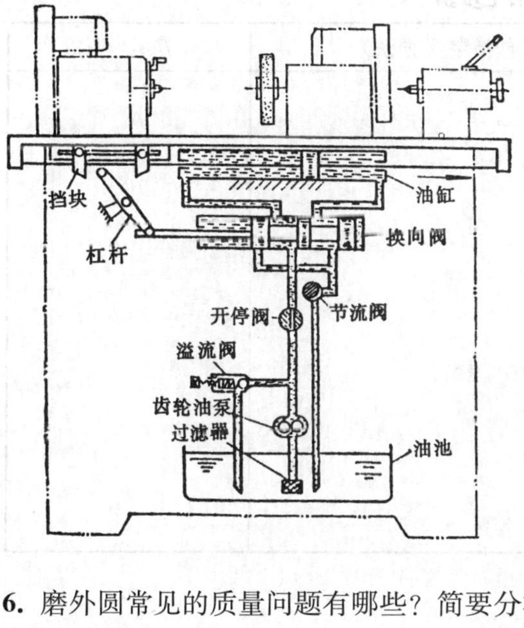

进油路：________________

____

________________。

回油路：________________

____

________________。

6. 磨外圆常见的质量问题有哪些？简要分析其产生的原因。

7. 什么是光整加工，一般分几种？

8. 简述磨削先进技术。

五、工艺题

将图示正六面体工件的平面磨削加工步骤填入表内。（材料为 HT150）

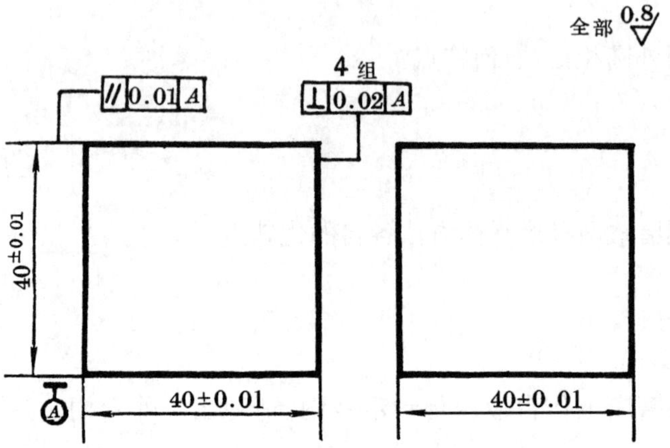

正六面体磨削加工步骤

序　　号	加 工 简 图	工序内容(包括装夹方法)	刀　　具

12 数控机床操作实训报告

(1) 数控机床概论实训报告

班级		姓名		学号		日期		成绩	

目的要求

1. 了解数控机床的基本组成及工作原理。
2. 了解数控机床的分类及主要性能指标。
3. 熟悉数控机床加工的工艺过程、特点及应用范围。
4. 熟悉数控机床编程内容和方法。

实训报告

一、是非题

1. 闭环控制系统的控制精度比半闭环要高。 (　　)

2. 多品种小批量加工和单件加工选用数控设备最合适。 (　　)

3. 数控机床按伺服系统类型不同可分为点位、直线和连续控制。 (　　)

4. 当数控加工程序编制完成后即可进行正式加工。 (　　)

5. 数控机床是在普通机床的基础上将普通电气装置更换成 CNC 控制装置。 (　　)

6. 数控机床编程有绝对值和增量值编程，使用时不能将它们放在同一程序段中。 (　　)

7. G 代码可以分为模态 G 代码和非模态 G 代码。 (　　)

8. G00、G01 指令都能使机床坐标轴准确到位，因此它们都是插补指令。 (　　)

9. 数控机床按控制系统的工作方式可分为开环、闭环和半闭环系统。 (　　)

10. 通常在命名或编程时，不论何种机床，都一律假定工件静止，刀具移动。 (　　)

11. 数控机床的常用控制介质是穿孔纸带。 (　　)

12. 绝对编程和增量编程不能在同一程序中混合使用。 (　　)

13. 非模态指令只能在本程序段内有效。 (　　)

14. 只有采用 CNC 技术的机床才叫数控机床。 (　　)

15. 点位控制的特点是可以以任意途径达到要到的点，因为在定位过程中不进行加工。 (　　)

16. 数控机床的编程方式是绝对编程或者增量编程。 (　　)

17. 数控机床的定位精度与数控机床的分辨率精度是一致的。 (   )
18. 数控机床的机床坐标原点和机床参考点是重合的。 (   )
19. 机床参考点在机床上是一个浮动的点。 (   )
20. 机床参考点是数控机床上固有的机械原点，该点到机床坐标原点在进给坐标轴方向上的距离可以在机床出厂时设定。 (   )

二、填空题

1. 数控机床是一种典型的机电一体化设备，其组成主要包括__________和__________两大部分。
2. 数控机床按运动方式分类，可分为__________控制系统、__________控制系统和__________控制系统。
3. 加工中心是带有__________和__________的数控机床。
4. 数控机床按控制方式分类，可分为__________控制系统、__________控制系统和__________控制系统。
5. 数控机床的可控轴数是指机床数控装置能够控制的__________，它与数控装置的__________、__________及__________有关。
6. 数控机床上的输入设备主要有__________、__________、__________及__________等。
7. 数控机床上的输出设备主要有__________、__________、__________及__________等。
8. 数控机床的运动性能指标主要包括__________、__________、__________、__________、__________及__________等。
9. 在数控机床加工零件时，工序的划分的方法有__________、__________及__________。
10.

```
01000                                  程序名
N010  G92  X0  Y0  Z0          ⎫
N020  M03  S1500               ⎪
N030  G01  X100  Y100  F200    ⎬ 程序段
……                             ⎪
N100  M05                      ⎪
N110  M30                      ⎭
```

这是一个__________程序，由__________个程序段组成，开头程序号为__________，M30 为__________指令。

三、选择题

1. 开环控制系统用于(   )数控机床上。
   (A) 经济型 (B) 中、高档 (C) 精密型 (D) 所有
2. 数控机床加工依赖于各种(   )。
   (A) 位置数据 (B) 模拟信息 (C) 准备功能 (D) 数字化信息
3. 数控机床的核心是(   )。
   (A) 伺服系统 (B) 数控系统 (C) 反馈系统 (D) 传动系统
4. 数控机床的 F 功能常用(   )单位。
   (A) m/min (B) mm/min 或 mm/r
   (C) r/m (D) mm/s

5. 数控机床加工零件时是由(　　)来控制的。
(A) 数控系统　　(B) 操作者　　(C) 伺服系统　　(D) 进给系统

6. 准备功能指令代码为(　　)。
(A) F 代码　　(B) M 代码　　(C) S 代码　　(D) G 代码

7. 数控车床与普通车床相比,在结构上差别最大的部件是(　　)。
(A) 刀架　　(B) 床身　　(C) 主轴箱　　(D) 进给传动

8. "NC"的含义是(　　)。
(A) 数字控制　　(B) 计算机数字控制
(C) 网络控制　　(D) 控制系统控制

9. "CNC"的含义是(　　)。
(A) 数字控制　　(B) 计算机数字控制
(C) 网络控制　　(D) 控制系统控制

10. 数控机床的种类很多,如果按加工轨迹分,则可分为(　　)。
(A) 二轴、三轴控制和连续控制　　(B) 点位控制、直线控制和连续控制
(C) 二轴、三轴控制和多轴控制　　(D) 二轴、三轴控制

四、问答题

1. 数控机床与普通机床的主要区别是什么?

2. 数控机床有哪几个基本组成部分?

3. 半闭环控制系统是怎样进行位置检测的?

4. 数控机床的可控轴数与联动轴数各指什么?有什么联系与区别?

5. 走刀路线应考虑哪几个方面?

6. 简述手工编程的一般步骤。

7. 在一个程序段中最多只能出现几个 M 代码？若出现多个 M 代码时，哪一个 M 代码有效？

8. 何谓模态、非模态指令？哪些指令是模态指令？

9. 简述程序暂停(M00)与计划暂停(M01)的区别。

（2）数控车床操作实训报告

班级		姓名		学号		日期		成绩	

目的要求

1. 了解数控车床的功能、分类、应用范围及主要性能指标。
2. 了解数控车床与普通车床的区别与联系。
3. 熟悉数控编程指令，掌握程序格式及编程方法。
4. 通过操作实训，掌握数控车床基本操作技能。

实训报告

一、判断题

1. 数控车床是加工回转体的车床，一般有三个坐标轴，x 轴、y 轴和 z 轴。（ ）
2. 数控车床加工螺纹时的导入距离一般大于一个螺距。（ ）
3. 数控车床工件坐标系也称编程坐标系，原点选在工件的回转中心上。（ ）
4. 数控的加工精度取决于数控系统的最小分辨率。（ ）
5. 数控车床孔加工循环指令 M99 指令表示返回 R 点。（ ）
6. 数控车床孔加工循环指令是非模态指令。（ ）
7. 数控车床工件坐标系是通过对刀建立的。（ ）
8. 经济型数控车床的显著缺点是没有恒线速度切削功能。（ ）
9. 数控车床 S 功能是表示主轴转速，S1000M03 表示主轴作 1000r/min 反转。（ ）
10. 数控车床数控系统操作面板是由 CRT 显示器和 MDI 键盘两部分组成。（ ）
11. 数控车床作为指令轴移动量的方法，有绝对值指令和增量值指令两种方法。（ ）
12. 数控车床开机后回零操作可消除屏幕显示的随机动态坐标。（ ）
13. 数控车床在正常运行时，禁止按动“急停”、“复位”按钮。（ ）
14. 数控车床连续重复加工以后的回零操作，可以消除进给运动部件坐标的积累误差。（ ）
15. 模态指令一经执行一直有效，直到被同组的其他代码取消或替代为止。（ ）

二、填空题

1. 数控车床数控装置由________、________、________、________等组成。
2. 数控车床换刀后，刀具的位置、尺寸允许变化的范围称为刀具的________。
3. 数控车床主轴功能又称 S 功能，它的单位是________。
4. 数控车床加工螺纹时，两端应考虑一定的____________。
5. 数控车床坐标系是以________为坐标原点，建立起________坐标系统。
6. 数控车床的刀具参数包括________、________、________。
7. 车刀主要标注角度有________、________、________和________。

8. 数控车床程序的执行顺序和__________有关。
9. 数控机床坐标系采用__________符合__________法则，一般先确定__________轴。
10. 一般数控机床只有__________和__________插补功能。
11. 数控车床上，刀尖圆弧只有在加工__________和__________时产生加工误差。
12. 数控车床上 x 轴坐标常用__________编程。
13. T 功能有 4 位数字，前两位是__________号，后两位是__________号。
14. 数控机床的 y 轴一般是当__________轴决定以后，用__________法则决定。
15. 数控车床的刀具功能字 T 既指定了__________，又指定了__________。
16. 建立机床坐标系的操作是__________操作。
17. G 指令分__________指令和__________指令两种。
18. 用 G54 指令建立工件坐标系的方法是通过__________设定。
19. 刀具远离工件的方向是坐标的__________方向。
20. 数控系统常见报警形式有__________、__________、__________和__________等。

三、选择题

1. 在数控车床上，不能自动完成的功能为(　　)。
(A) 车床的启动、停止　(B) 纵、横向进给
(C) 刀架转位、换刀　(D) 工件装夹、拆卸
2. 下列 G 指令中(　　)是非模态指令。
(A) G00　(B) G01　(C) G04　(D) G02
3. G01 X50 Z100F40 表示(　　)。
(A) 从 X500 处移到 Z100　(B) 快速移到 X500Z100 处
(C) 进给速度移到 X500Z100 处　(D) 从 01 处移到 40
4. 用 G54 指令建立工件坐标系的方法是(　　)。
(A) 用刀位点确定　(B) 通过操作面板设定
(C) 任意给定　(D) 程序规定
5. 数控车床精加工复合循环指令是(　　)。
(A) G69　(B) G70　(C) G71　(D) G72
6. 当主轴以 700r/min 作顺时针运转，其指令应为(　　)。
(A) M03　T11　(B) M02　S700　(C) M03　S700　(D) M04　S700
7. 与主轴同步旋转，并把主轴转速信息传给数控装置的为(　　)。
(A) 反馈系统　(B) 运算器
(C) 主轴脉冲发生器　(D) 同步系统
8. 代替车床进给箱和溜板箱等功能的为(　　)。
(A) 反馈系统　(B) 主轴脉冲发生器　(C) 伺服系统　(D) 运算器
9. 数控车床的坐标应在(　　)平面。
(A) G17　(B) G18　(C) G19　(D) G20
10. G33 中 F3 表示(　　)。
(A) 进给量为 3mm/min　(B) 进给量为 3mm/r
(C) 螺距为 3mm　(D) 切削速度 3mm/min

11. 机床运动位置的坐标值是相对于前一位置给出的，该坐标系称为(　　)。
(A) 机床坐标系　(B) 编程坐标系　(C) 绝对坐标系　(D) 相对坐标系
12. 数控车床与普通车床相比，在结构上差别最大的部件是(　　)。
(A) 刀架　(B) 床身　(C) 主轴箱　(D) 进给传动
13. 子程序结束指令是(　　)。
(A) M02　(B) M30　(C) M99　(D) M01
14. G90 指令是用来确定(　　)的。
(A) 刀尖起始点　(B) 编程方式　(C) 快速定位点　(D) 加工精度
15. G41 指令是用来对(　　)进行补偿。
(A) 刀尖位置　(B) 刀尖半径　(C) 刀具长度　(D) 刀具角度

四、问答题

1. 数控车床与普通车床有哪些区别?

2. 简述数控车床车刀的交换精度与交换速度。

3. 数控车床主轴脉冲发生器的主要作用是什么?

4. 数控车床程序的检验有哪些常用方法?

5. 简述数控车床回零操作的方法与注意点。

6. 数控车床常用的对刀方法有几种?

7. 简述数控车床安全操作中的急停和超程处理。

五、工艺题

根据图纸要求编制零件车削加工程序。

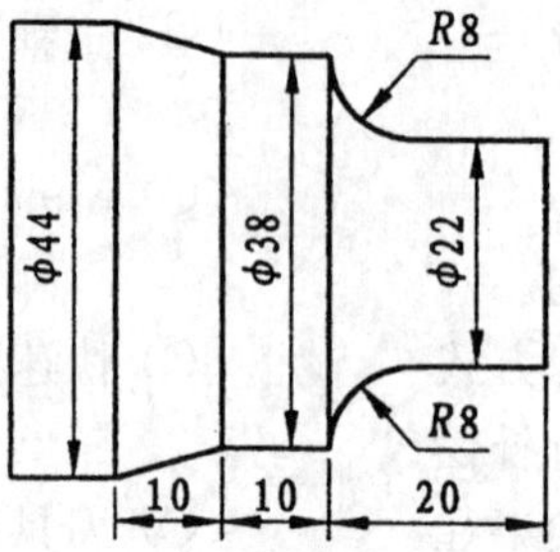

（第五题）

(3) 数控铣床操作实训报告

班级		姓名		学号		日期		成绩	

目的要求

1. 了解数控铣床的功能和分类，数控铣床的结构及主要性能指标。
2. 了解数控铣床的常用刀具及找正工具，数控铣床加工常用指令。
3. 熟悉数控铣床加工的编程指令，掌握程序格式及编程方法。
4. 通过操作实训，掌握数控铣床基本操作技能。

实训报告

一、判断题

1. M02 指令可使程序结束并返回到程序开始处。（ ）
2. 程序是由程序段组成的。（ ）
3. 程序名应单列一行，顶格书写。（ ）
4. 准备功能的地址符为 M。（ ）
5. 辅助功能的地址符为 G。（ ）
6. 非模态代码一旦被执行，则可一直延续到被同一组的其他代码取代或其被取消。（ ）
7. 在一个程序段中同时出现几个 M 代码时，只有第一个 M 代码有效。（ ）
8. 执行程序段 G91X20. Y60. 后，刀具移动到坐标系的点(20，60)处。（ ）
9. 接通机床电源时，操作面板上的 E-STOP 按钮处于接通位置。（ ）
10. 刀具位于零件左侧的刀具半径补偿称为左刀补。（ ）
11. 若 D 代码中存放的偏置量为负值，那么 G41 和 G42 可以互相取代。（ ）
12. 建立刀具补偿后，可用 D00 来撤销补偿。（ ）
13. 每一个程序段由若干个指令字组成。（ ）
14. 指令字都是控制系统的一个具体指令。（ ）
15. G92 指令设置的加工坐标系原点在机床坐标系中的位置始终不变。（ ）
16. G54 指令设置的加工坐标系原点在机床坐标系中的位置始终不变。（ ）
17. 在铣削外轮廓时，刀具应沿零件轮廓的切向切入。（ ）
18. 从无刀具补偿状态进入刀具补偿状态，移动指令只能是 G01 或 G00。（ ）
19. 从刀具补偿状态进入撤销刀具补偿状态，移动指令不一定是 G01 或 G00。（ ）
20. 圆弧插补指令中，I、J 为圆弧起点到圆心点的增量距离。（ ）

二、填空题

1. 按主轴正转按钮时主轴将__________旋转，此按钮只在__________状态时起作用。
2. 主轴的转速由__________输入或__________决定。
3. 数控铣床一般由__________、__________、__________、__________、__________和

__________等组成。

4. 数控铣床控制面板由____________________面板和__________面板两部分组成。
5. ____________________键在程序当前光标位置修改指令代码。
6. ____________________键在程序当前光标位置插入指令代码。
7. __________键及__________键可删除当前光标位置前及后的数据。
8. ____________________键又称程序段输入键、确认键、回车键。
9. 在选择手动进给轴方向时，各轴箭头指向是__________方向，而不是__________方向。
10. 准备功能的地址符是__________。
11. 程序的主体是由_______________组成的。
12. 机床原点是指在机床上设置的一个固定点，即_______________的原点。
13. 在数控铣床上，机床原点一般取在 x、y、z 三个直线坐标轴_______________位置上。
14. G92 所设定的加工坐标原点与当前刀具所在位置__________。
15. G54 所设定的加工坐标原点与当前刀具所在位置__________。
16. 半径编程加工圆弧时，当圆弧半径__________时，R 取正值；圆弧半径__________时，R 取负值。
17. 在数控铣床上加工整圆时，应用__________编程。
18. G00 指令的移动速度由__________设定，G01 指令的移动速度由__________设定。
19. 数控铣床转默认的加工平面是__________平面。
20. G18 指令设定__________平面，G19 指令设定__________平面。

三、选择题

1. 在(　　)状态下，可以把工件加工程序读入 NC 控制机，并对编入的程序进行插入、删除和修改。
(A) 编辑　(B) 自动　(C) 手动数据输入　(D) 点动
2. 在(　　)状态下，机床可以按存储在 NC 中的程序进行加工，或进行存储程序的顺序号检索。
(A) 编辑　(B) 自动　(C) 手动数据输入　(D) 点动
3. 在(　　)状态下，可通过 NC 控制机操作面板下的键盘把数据送入 NC 控制机中，所送的数据均能在荧光屏上显示出来。
(A) 编辑　(B) 自动　(C) 手动数据输入　(D) 点动
4. M03 指令表示铣刀(　　)。
(A) 逆时针旋转　(B) 顺时针旋转　(C) 冷却液开　(D) 冷却液关
5. 机床运动位置的坐标值是相对于固定的坐标原点给出的，该坐标系称为(　　)。
(A) 机床坐标系　(B) 编程坐标系
(C) 绝对坐标系　(D) 相对坐标系
6. 机床运动位置的坐标值是相对于前一位置给出的，该坐标系称为(　　)。
(A) 机床坐标系　(B) 编程坐标系　(C) 绝对坐标系　(D) 相对坐标系
7. 绝对尺寸指令是(　　)。
(A) G90　(B) G91　(C) G92　(D) G93
8. 相对尺寸指令是(　　)。

(A) G90　(B) G91　(C) G92　(D) G93

9. 选择 yOz 加工平面的指令是(　　)。

(A) G17　(B) G18　(C) G19　(D) G20

10. 直线插补指令是(　　)。

(A) G00　(B) G01　(C) G02　(D) G03

11. 快速点定位指令是(　　)。

(A) G00　(B) G01　(C) G02　(D) G03

12. 顺时针圆弧插补指令是(　　)。

(A) G00　(B) G01　(C) G02　(D) G03

13. 逆时针圆弧插补指令是(　　)。

(A) G00　(B) G01　(C) G02　(D) G03

14. 左刀补偿指令是(　　)。

(A) G40　(B) G41　(C) G42　(D) G43

15. 右刀补偿指令是(　　)。

(A) G40　(B) G41　(C) G42　(D) G43

16. 取消刀具补偿指令是(　　)。

(A) G40　(B) G41　(C) G42　(D) G43

17. 准备功能的地址符是(　　)。

(A) G　(B) M　(C) P　(D) T

18. 辅助功能的地址符是(　　)。

(A) G　(B) M　(C) P　(D) T

19. 刀具功能的地址符是(　　)。

(A) G　(B) M　(C) P　(D) T

20. 用 $\phi 8$ 铣刀加工零件外轮廓时，要求留 0.2mm 精铣余量，则粗加工刀具偏移量为(　　)。

(A) 4.2　(B) 7.8　(C) 8.2　(D) 8.0

21. 回零操作是为了建立(　　)。

(A) 机床坐标系　(B) 编程坐标系

(C) 工件坐标系　(D) 加工坐标系

四、问答题

1. 如何解除数控铣床超程报警?

2. 简述数控铣床自动返回参考点的操作步骤。

3. 数控铣床出现哪些情况时必须进行返回机床参考点的操作?

4. 简述数控铣床的操作步骤。

5. 简述数控铣床编程的一般步骤。

6. 简述 M02 与 M30 的异同点。

五、工艺题

编制下图的加工程序。

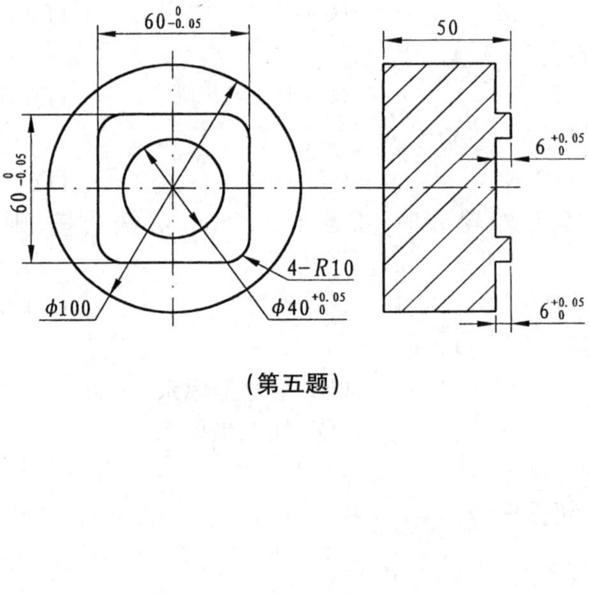

(第五题)

（4）电火花加工、线切割加工实训报告

班级		姓名		学号		日期		成绩	

目的要求

1. 了解电火花加工的原理和基本方法。
2. 了解电火花线切割加工的原理、特点、应用范围。
3. 熟悉电火花线切割加工的编程方法和格式。
4. 熟悉电火花成型加工机床的操作方法。
5. 通过操作实训，掌握电火花线切割加工机床的基本操作技能。

实训报告

一、判断题

1. 电火花线切割加工时工作脉冲的脉宽较窄，单个脉冲能量和平均电流较小。（　　）
2. 单向走丝电火花切割加工，所采用的工作液大多为乳化液。（　　）
3. 线切割程序格式有：3B、4B、5B、ISO 和 EIA 等。（　　）
4. WEDM-HS 方式下，一般放电间隙取 0.01mm，所以电极丝走过的割痕宽度为：电极丝直径加 0.01mm。（　　）
5. 电火花加工表面的润滑性能和耐磨性能均比机械加工的好。（　　）
6. 电火花加工一般都采用双向脉冲电源。（　　）
7. 脉冲宽度是指脉冲放电时脉冲电流的持续时间。（　　）
8. 当脉冲能量相同时，金属的熔点、沸点、比热容、熔化热、汽化热越高，电蚀量将越少，越易加工。（　　）
9. 电子轰击和离子轰击无疑是影响极性效应的重要因素。（　　）
10. 在电火花加工过程中，无论是正极还是负极，都会受到不同程度的电蚀。（　　）

二、填空题

1. 电火花加工是在具有一定________性能的液体中，利用两极之间脉冲性火花放电时的________现象，对材料进行加工。
2. 电火花加工中，一般用于加工金属等________材料。但在一定条件下也可以加工________和________材料。
3. 电火花加工中，________和________不直接接触，没有机械加工宏观的________。
4. 电火花加工是瞬时的脉冲性放电，放电的持续时间一般为________。
5. 电火花加工的表面质量主要包括________、________和________三个部分。
6. 一般来说，在短脉冲精加工时采用________加工；而在长脉冲粗加工时，则采用________加工。线切割加工时总是采用工件接________极，电极丝接________极。
7. 电火花线切割加工的基本原理是利用移动的________做电极，对工件进行脉冲放电切割

成型。

8. 国产高速走丝电火花线切割机床，其电极丝作________运动，一般走丝速度为________；而国外产低速电火花线切割机床，其电极丝作________运动，一般走丝速度为低于________。
9. 线切割机床一般用________和________作工作液介质。
10. 电火花穿孔、成型加工时最常用的电极材料有________和________。

三、选择题

1. 石墨的电蚀量很小，因为它的(　　)温度很高，且热容量很大，在工业生产中，被广泛地应用。
   (A) 熔点　(B) 沸点　(C) 熔点和沸点　(D) 汽化点
2. 电火花加工，可以加工的材料有(　　)。
   (A) 硬质合金　(B) 不锈钢
   (C) 淬火钢　(D) 任何导电的金属材料
3. 3B 程序编程时需用的参数有四个：切割的起点或终点坐标 x、y 值；切割时的记数长度 j；切割时的(　　)和(　　)。
   (A) 分隔符 b　(B) 记数方向 G　(C) 坐标原点 O　(D) 加工指令 z
4. 电极丝的直径决定了(　　)和(　　)，最大切割速度一般都是用较粗的丝实现的。
   (A) 脉冲宽度 t_e　(B) 脉冲峰值电流 i_e
   (C) 脉冲峰值电压 u_i　(D) 切缝宽度 b
5. 电火花加工用的脉冲电源的作用是把工频交流电流转换成(　　)的(　　)电流，以供给电极放电间隙所需的能量来蚀除金属。
   (A) 低频　(B) 高频　(C) 单向　(D) 双向
6. 电火花放电时，火花通道中瞬时产生大量的热，中心温度可达(　　)左右，足以使任何金属局部熔化、汽化，而被蚀除掉，形成放电凹坑。
   (A) 1000℃　(B) 5000℃　(C) 10000℃　(D) 50000℃

四、问答题

1. 什么是电火花加工？

2. 简述线切割加工的特点及其应用范围？

3. 影响金属蚀除率的主要因素有哪些？

4. 电火花加工时，为什么会产生加工斜度？

5. 电火花加工时，工具电极材料的选择依据是什么？

6. 电火花加工的精度与哪些因素有关？精加工时电规准应如何选取？

五、工艺题

1. 用3B语言编制如图所示样板的线切割程序。

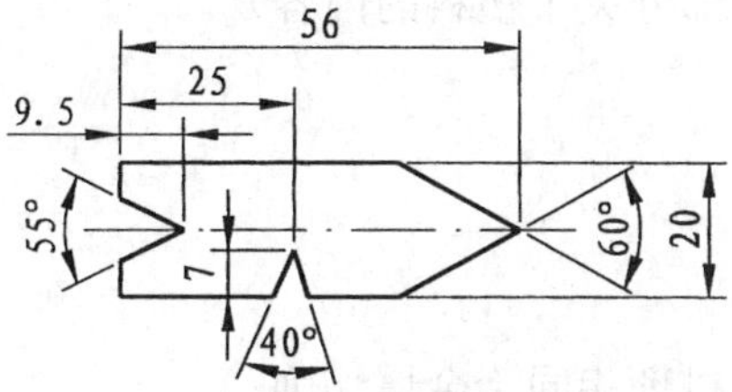

（第1题）

2. 用ISO语言编制如图所示圆弧的线切割程序。

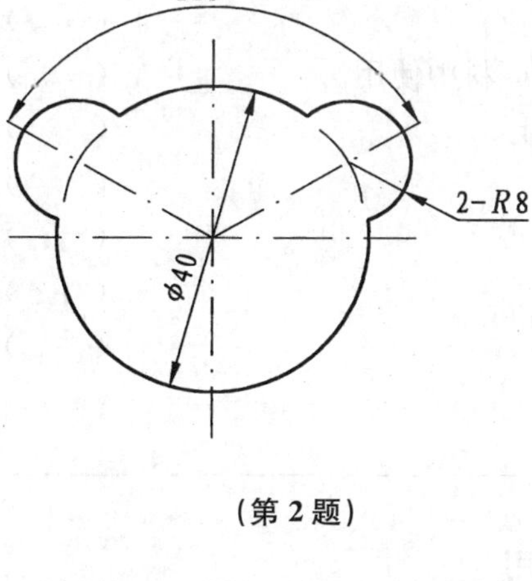

（第2题）

13 特种加工与塑料成形加工实训报告

班级		姓名		学号		日期		成绩	

目的要求

1. 了解特种加工的特点与分类。
2. 了解电火花、电解、超声波等特种加工的基本原理和应用范围。
3. 了解塑料的组成和分类(复习第一章机械工程材料部分关于塑料的内容)
4. 了解塑料制品常用的成形工艺与方法。

实训报告

一、判断题

1. 特种加工是直接利用各种能量对材料进行加工,其加工机理相同于金属切削加工。 ( )

2. 在电火花加工中,工具材料的硬度可低于工件材料的硬度。 ( )

3. 电解加工和电火花加工一样,必须在绝缘的工作液体中进行。 ( )

4. 激光加工、电子束加工和离子束加工都同属于高能束流加工,都必须在真空的环境中进行。 ( )

5. 超声波加工最适宜加工硬脆材料,特别是非金属硬脆材料,如玻璃、玛瑙、宝石等。 ( )

6. 电铸加工原理与电镀加工是一样的。 ( )

7. 热固性塑料在成形加工中产生的边角料可以回收掺入原料中使用。 ( )

8. 树脂是组成塑料的主要成分,其质量占塑料的 40%以上。 ( )

9. 热塑性增强塑料又称玻璃钢。 ( )

10. 生产中空塑件、薄膜一般采用吹塑成形。 ( )

11. 生产人造革常采用压延涂层法。 ( )

12. 只有热塑性塑料能制成泡沫塑料。 ( )

二、填空题

1. 特种加工工艺是直接利用________、________、________、________及________等各种能量进行加工的方法。

2. 磨料喷射加工、磨料流加工、液体喷射加工是直接利用________、________、________的特种加工工艺方法。

3. 电解加工方法不适宜加工____________材料。
4. 电火花加工中的放电应具有放电____________、____________、放电点____________等特点。
5. 电铸加工可以获得纯度____________的金属制品。
6. 根据塑料中树脂的分子结构及热性能不同，可分为____________塑料和____________塑料。
7. 塑料制件生产主要包括____________、____________、____________和____________等四个生产过程。
8. 按塑料性能和用途可分为____________塑料、____________塑料、____________塑料、____________塑料等。
9. 塑料制品常用成形方法有____________、____________、____________、____________、____________等。
10. 制造电线和电缆常采用____________成形在铜或铝芯线外包覆一层塑料绝缘套。
11. 塑胶手套常采用____________成形方法制造。

三、选择题

1. 电火花加工、电子束加工、等离子弧加工是利用(　　)能量加工材料的。
   (A) 电热能　(B) 电机械能　(C) 电化学能　(D) 电磁能
2. 在电场中，同样速度的电子与离子，离子束产生的能量比电子束产生的能量(　　)。
   (A) 低　(B) 高　(C) 一样　(D) 不能确定
3. 准确地复制表面轮廓和微细纹路，如唱片膜、纸币、证券的印刷板等，可采用(　　)方法。
   (A) 电解加工　(B) 电火花加工　(C) 激光加工　(D) 电铸加工
4. (　　)加工要求在真空环境中进行。
   (A) 超声波　(B) 激光　(C) 电解　(D) 电子束
5. 生产乳胶手套，可采用(　　)。
   (A) 注射成形　(B) 压注成形　(C) 吹塑成形　(D) 浸涂成形
6. 成形深腔塑料型件时，采用(　　)真空成形方法。
   (A) 凹模　(B) 凸模　(C) 凹凸模　(D) A、B、C 均可
7. 生产浴盆、船壳、汽车覆盖件可采用(　　)成形方法。
   (A) 旋转　(B) 缠绕　(C) 烧结　(D) 喷射
8. 黏合、焊接、机械连接都属塑料制件生产中(　　)环节。
   (A) 成形加工　(B) 机械加工　(C) 修饰　(D) 装配
9. 塑料组成部分中的防霉剂、稳定剂、增塑剂等均属(　　)类。
   (A) 合成树脂　(B) 填充剂　(C) 添加剂　(D) 硬化剂

四、问答题

1. 特种加工工艺与传统加工工艺相比较，有哪些特点？

2. 电火花加工和电解加工都在工作液体中进行。两者工作液的性质和作用有何不同？

3. 超声波加工为什么特别适合加工各种硬脆材料？

4. 热塑性塑料与热固性塑料有哪些相同点和不同点？

5. 气压成形和真空成形有何区别？

6. 你在日常生活中所碰到的塑料制品，如可乐瓶、食品袋、冰箱外壳、建筑装饰板、塑料水管、冷却塔外壳等，分析一下它们各采用什么成形方法制造的。

14 零件的表面处理实训报告

班级		姓名		学号		日期		成绩	

目的要求

1. 初步建立起认识机器零件表面的工程观点。
2. 了解零件的实际表面状态及其与使用性能的关系。
3. 熟悉零件表面处理中几种常用工艺方法。
4. 掌握常用表面处理的基本操作、安全技术规则。
5. 了解塑料制品表面处理基本工艺与方法。

实训报告

一、判断题

1. 化学镀覆处理是利用外接电源，运用化学方法将溶液中的金属离子还原成原子态，并沉积到零件表面的工艺方法。 （ ）

2. 冲蚀是运动着的固体颗粒对零件的磨损过程。 （ ）

3. 侵蚀是流动着的液体对零件的磨损过程。 （ ）

4. 气蚀是湍流液体的鼓泡作用对零件的磨损过程。 （ ）

5. 每日需擦桌、揩窗，因为散落其上的尽是浮尘。 （ ）

6. 变形层的材料变形程度，愈近零件表面，其变形程度愈小，所以退火后的晶粒很细。 （ ）

7. 常温、常压下自然形成的铁的氧化膜，能像铝的氧化膜一样起防锈作用。 （ ）

8. 经过磷化处理后，零件表面生成一层十分平整光滑的磷化膜。 （ ）

9. 热喷镀时，必须将零件整体加热到高温塑性状态。 （ ）

10. 电刷镀所形成的镀层与电镀（槽镀）镀层完全相同。 （ ）

11. 塑料制品表面处理的目的主要是增加外观的美感，并不能改变制品表面的性能。 （ ）

12. 丝网印刷原理与凹版和凸版印刷原理一样，也是靠印板上墨层的转移，在承印物表面形成图文。 （ ）

13. 覆盖涂装是在整个塑料制品表面涂满涂料的方法。 （ ）

14. 利用各种机械加工技术，对塑料制品进行表面处理的方法称为机械整饰。 （ ）

15. 氧化处理和镀覆处理后的零件表面层既均匀又极薄，所以会影响到零件的

尺寸公差等级、形位公差大小和表面粗糙度分布状态。（　　）

二、填空题

1. 髹漆防腐蚀处理涂层既可用于________零件，也适用于________材料。
2. 表面冷加工强化法目前依然广泛使用，诸如________、________、________等。
3. 零件的表面层由________、________、________、________四个分层组成。
4. 以加热扩散的方法将异种元素原子渗入零件材料表面的工艺，称为________。
5. 生锈是零件材料在大气环境下的________过程；腐蚀是零件材料在腐蚀介质环境下的________过程。
6. 零件的表面层与其内部材料本体之间有机联系着，就金属材料而言，两者是靠________连接。
7. 普通钢零件的表面层中的氧化层是由下列各分层：________、________、________等组成，其中________强度、韧性、致密性最好。
8. 经表面氧化处理后的零件，所生成的________的________增大，使用过程中与润滑油形成________或________作用，产生良好的________、________作用。
9. 随着氧化反应或镀覆反应过程的进展，零件各部位上膜的厚度随之而________，因为零件上已镀和未镀部位、膜较厚和较薄处都会自动构成________作用的缘故。
10. 零件沾染上动、植物油脂时，由于它们含有________，所以在净化零件时，可以用________和________等水溶液使之________而清除掉。
11. 电刷镀与电镀（槽镀）相比较，前者的优点为________、________、________等。
12. 真空镀膜按镀覆材料向零件表面输送过程不同，而分为________、________、________三类。
13. 塑料制品表面处理常用的工艺方法有________、________、________、________和________等。
14. 常用塑料制品的机械整饰方法有________、________、________、________、________和________等。
15. 金属材料是________，我们多数人用肉眼都看到过组成它的________，例如________表面的锌________。
16. 就零件表面的微观形貌而言，有________的，如________等加工后的零件表面；有________的，如________等加工后的零件表面。
17. 渗镀表面处理，由于________，常会造成零件________的变化，所以处理后，一般都要经过________加工。

三、选择题

1. 大气环境下的普通钢零件表面的（　　）分层是呈疏松、多孔、强度很差，却又与零件材料本体（　　）而容易脱落。

(A) 一氧化铁、最为接近　　(B) 三氧化二铁、相距较远
(C) 四氧化三铁、相距适中　　(D) 五氧化四铁、紧密结合

2. 零件表面上变形层的材料变形程度，愈近表面，其变形度(　　)，所以退火后的材料晶粒(　　)。
(A) 愈小、愈细　　(B) 愈大、愈粗　　(C) 愈小、愈粗　　(D) 愈大、愈细

3. 08F 深冲钢板坯料表面经过磷化处理后，应进一步(　　)。
(A) 浸涂皂液　　(B) 浸涂润滑油
(C) 在 10%铬酸钠溶液内浸泡 15min 左右　　(D) 作退火处理

4. 家用电器的铁壳需经高压静电喷塑，为保证喷塑层与零件本体间的结合强度，喷塑前预先(　　)。
(A) 磷化处理　　(B) 镀镍处理　　(C) 氧化处理　　(D) 清洗处理

5. 零件渗镀时所以能形成渗层的过程机理，完全在于(　　)。
(A) 高温扩散作用　　(B) 表面电化学反应
(C) 表面吸附作用　　(D) 表面氧化反应

6. 无论是物理气相沉积还是化学气相沉积，其目的都是要获得组织上高纯态膜，所以必须在(　　)进行镀膜。
(A) 常温常压下　　(B) 大气环境下　　(C) 真空环境下　　(D) 氧化性气氛下

7. 机械加工超差零件、局部磨损的轴等可采用(　　)工艺修复。
(A) 表面氧化处理　　(B) 表面磷化处理　　(C) 电刷镀　　(D) 渗镀

8. 机加工时常用的机械油通常称为中性油，因为它(　　)。
(A) 含有极性化学物质　　(B) 酸和碱平衡
(C) 不含极性化学物质　　(D) pH≥7

9. 零件经过渗镀硅表面处理后，(　　)性能大为提高。
(A) 抗氧化　　(B) 耐高温　　(C) 减摩耐磨　　(D) 防腐蚀

10. 用刻有图案或文字的热膜，将载体上的装饰膜层，在加压的瞬间转移到塑料制品表面的工艺，称为(　　)。
(A) 涂装　　(B) 凸版印刷　　(C) 凹版印刷　　(D) 箔压印

四、问答题

1. 零件表面处理的目的是什么？

2. 通过本章内容学习，你获得哪些新概念、新知识？就你身边使用的机器设备或日常用品，举例说明，哪些零件用何种表面处理工艺处理过？为什么要进行处理？

3. 塑料制品表面处理的工艺方法常用的有哪些，并请举例说明适用场合。

4. 既然镀层刀具显著延长了刀具的耐用度，那么切菜刀和斧子是否该镀覆？为什么？

5. 搪瓷厂制坯车间将茶缸坯件拉深时，其底部转角处常被拉穿破裂，而所用的材料 08F 钢的强度、硬度很低，塑性、韧性很高，深冲压、深拉延的冷加工性能很好，那么它们为什么会拉穿破裂？却又都破裂在转角处呢？你能设计一种工艺措施以减少它的破损率吗？

6. 如图所示为零件表面喷砂加工用的喷砂嘴部件图，由 Q235 钢制成。压缩空气进气管正对着砂粒进口，由于砂粒的冲击，工作一周后，压缩空气进气管上就出现了小孔。同时，喷口管内壁在砂粒冲击下也迅速损坏。

请你提出具体解决这些问题的措施。

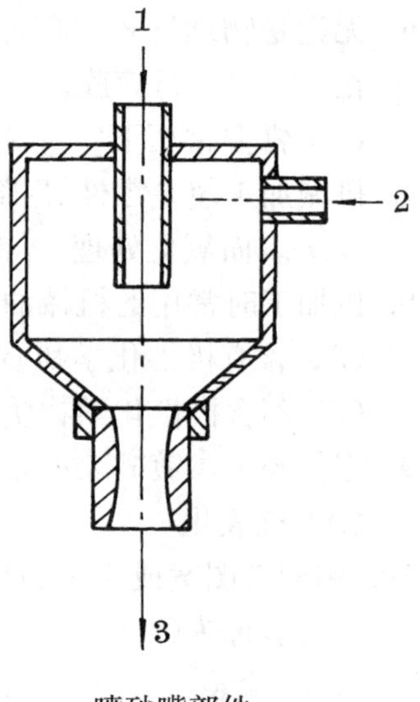

喷砂嘴部件
1—压缩空气；2—砂粒；3—喷口
(第 6 题)

7. 宇宙航行的危险之一是在航天飞行器起飞瞬间，火箭燃料有可能过早起爆，这将会造成火箭头部宇宙舱内的宇航员烧伤。为了设计一个安全防范措施，准备了一根缆绳，如图所示，万一失火，宇航员悬挂在机械装置上，可沿缆绳安全滑下。

在若干次实验中，缆绳用不锈钢索，骑跨在缆绳上的滑块用不锈钢镀覆一层厚度为 0.025mm 的铅膜制成。这种镀层在开头几米行程中很理想。可随后铅膜磨掉了，就出现不满意的滑移现象。

试研究一下下列各项革新措施：

(1) 滑块干脆用铅整体制造，行吗？

(2) 滑块用含铅的易切削钢(含 Pb 0.35%)制造？

(3) 滑块用不锈钢基体上涂塑料膜，可不可以？

(4) 滑块用滑动轴承合金锡青铜制造？

(5) 滑块用橡胶制造？

(6) 你认为还有其他满意的措施和材料吗？

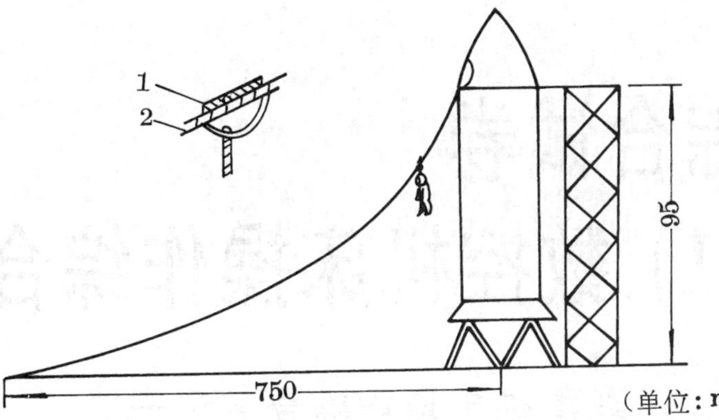

宇航安全装置

1—滑块；2—缆绳

(第7题)

8. 每年出口大量机用紧固螺钉—螺帽副和木螺钉，规定了到岸验收日期和质量索赔期。但因船运周期长，包装又不密封，光靠表面油封，不足以防锈，成为主要退赔问题。

(1) 请你分析一下产生这一问题的原因？

(2) 你认为应如何解决好这一问题？

9. 炼钢厂浇铸钢锭用的新型模具——结晶器，由于它能连续铸锭，钢锭质量好，表面质量特别优越，已受到普遍采用，但因它是由青铜制成，流体冲蚀磨损严重，使用寿命受到制约。

(1) 你认为应该如何改进？改进它的什么性能？

(2) 怎样改进？采用哪种具体工艺方法？

15 综合试卷

(1) 数控机床操作综合测试

数控机床操作综合测试一

班级		姓名		学号		日期		成绩	

判断题(每题 2 分,合计 100 分)

1. G92 指令可以使工作台移动到设定的位置。 ( )
2. 加工过程中测量尺寸,可在程序中编入 M01 指令。 ( )
3. 车床上保持切削速度一致的方法是恒线速度切削。 ( )
4. 斜齿圆柱齿轮常用螺旋线错开方式消除侧向间隙。 ( )
5. 多品种小批量加工和单件加工选用数控设备最合适。 ( )
6. 加工中心主轴超高速回转结构需要磁力轴承。 ( )
7. 滚珠丝杆与普通丝杆比较,主要特点是不能自锁,有可逆性。 ( )
8. 数控机床按伺服系统类型不同可分为点位、直线和连续控制。 ( )
9. 螺纹加工时的导入距离一般大于一个螺距。 ( )
10. 数控机床面板按钮接通具有唯一性,故同时按下两个按钮时,只能一个有效。 ( )
11. 2 轴半加工具有三轴联动同样的加工能力。 ( )
12. 软件超程可以用硬件超程同样的方法解决。 ( )
13. 同组指令可以编制在同一程序段内。 ( )
14. 螺纹加工时尽可能提高转速,以提高加工效率。 ( )
15. 车削中心必须配备动力刀架。 ( )
16. 数控机床的加工精度取决于数控系统的最小分辨率。 ( )
17. 零件图上各元素之间的连接点称为节点。 ( )
18. z 轴坐标的圆心坐标符号一般用 k 表示。 ( )
19. 刀具补偿寄存器内只允许存入正值。 ( )
20. 玉米齿硬质合金铣刀可作为数控铣床的粗加工刀具。 ( )
21. 假想刀尖共有八个位置供选择。 ( )
22. 目前常用的数控机床多数为半闭环控制系统。 ( )
23. 与主轴轴线平行或重合的轴一定是 z 轴。 ( )
24. 预防数控机床加工出故障的方法之一是空运行。 ( )

25. 数控系统每发出一个脉冲，工作台相应移动的距离称脉冲当量。 (　　)
26. 一般简易的数控系统属于轮廓控制系统。 (　　)
27. 角位移的测量元件比直线位移的测量元件简单。 (　　)
28. 准备功能、非模态式指令是续效指令。 (　　)
29. 用 G92 指令设置的加工坐标系原点在机床坐标系中的位置始终不变。 (　　)
30. G04P2 表示暂停 2s。 (　　)
31. 建立刀具补偿后，可用 H00 来撤销补偿。 (　　)
32. 孔加工循环指令中，M99 指令表示返回 R 点。 (　　)
33. 孔加工循环指令是非模态指令。 (　　)
34. 执行孔加工循环指令时，刀具长度补偿无效。 (　　)
35. M98P1010 表示执行完子程序后，一定返回主程序中 N1010 程序段中。 (　　)
36. 计算机数控简称 NC。 (　　)
37. 数控机床的标准坐标系是以右手法则来确定的。 (　　)
38. x 轴是机床产生切削力的轴。 (　　)
39. 每一个指令脉冲信号使机床移动部件产生的位移量称为脉冲当量。 (　　)
40. 直线控制系统能沿任意斜率的直线进行直线加工。 (　　)
41. 开环控制系统的控制精度比半闭环控制系统高。 (　　)
42. 角位移测量元件常用于半闭环系统。 (　　)
43. 绕 x 轴旋转的是 B 向旋转。 (　　)
44. 刀具远离工件的方向是坐标的正方向。 (　　)
45. T0201 表示选用 1 号刀具。 (　　)
46. 输入程序 G00X100 与 G00100. 表示它们在 x 轴方向的位移量一定相等。 (　　)
47. 当铣削外轮廓时，应沿零件外轮廓的法向切入。 (　　)
48. 工件坐标系是通过对刀建立的。 (　　)
49. 直线插补格式是用 G01X～Y 来表示。 (　　)
50. 影响切削速度的主要因素是加工零件的精度。 (　　)

数控机床操作综合测试二

班级		姓名		学号		日期		成绩	

判断题(每题 2 分,合计 100 分)

1. 刀具长度补偿指令是 G42。 ( )

2. 圆弧插补中 I、J、K 分别为圆心相对于圆弧终点在 X、Y、Z 轴方向的坐标增量。 ( )

3. 比例编程时,当给定的比例系数为−1 时,可获得镜像加工功能。 ( )

4. 顺序选刀方式是预先把刀库中每把刀具编上代码。 ( )

5. 孔加工循环指令中,用 G91 时,Z 是 R 平面到孔底的距离。 ( )

6. 用 G00 可撤销孔加工循环指令。 ( )

7. 经济型数控车床的显著缺点是没有恒线速度切削功能。 ( )

8. 加工中心与数控铣床的主要区别是它能切削螺纹。 ( )

9. 加工中心是一种功能较全的数控机床。 ( )

10. 自动换刀数控机床,其主轴部件设有准停装置。 ( )

11. 滚珠丝杠螺母机构不可能实现无间隙传动。 ( )

12. 静压导轨的摩擦因数大。 ( )

13. 要保证工件的定位精确,常采用过定位。 ( )

14. 逐点比较法的插补过程是始终沿着 X 轴或 Y 轴一个方向移动。 ( )

15. 单一固定循环指令(G90、G94)能实现圆弧插补循环。 ( )

16. 孔加工循环指令中,若无 R 参数,则不执行固定循环。 ( )

17. 闭环控制系统的控制精度比开环控制系统高。 ( )

18. 多品种小批量加工和单件加工选用数控设备最合适。 ( )

19. G28Z10 表示刀具移动到 $Z=10$ 处。 ( )

20. 表面粗糙度参数 R_a 值越大,表示表面粗糙度要求越低;R_a 的值越小,表示表面粗糙度要求越高。 ( )

21. 一个或一组工人,在一个工作地点对同一个或同时对几个工件所完成的那一部分工艺过程称为工序。 ( )

22. G42G01X20Y80H01 表示在移动过程中,刀具向右偏移一个刀具直径。 ( )

23. 编程原点就是参考点。 ( )

24. 数控机床的特点为加工精度高,加工成本低,对操作者要求低。 ( )

25. 开环系统数控机床精度一定低。 ( )

26. 闭环系统数控机床精度一定高。 ( )

27. 闭环系统数控机床结构最复杂。 ( )

28. 闭环系统数控机床主要能检测伺服电机的转角精度。 ( )

29. 全功能数控机床进给速度能达 3～15m/min。 ( )

30. 数控编程就是编制加工工艺。 (　　)
31. 自动编程时零件图上各特殊点的数值不必再计算。 (　　)
32. 一个工件的坐标原点，只能设定在一处。 (　　)
33. 远离工件的坐标方向为负。 (　　)
34. M00，M01 都是程序暂停代号。 (　　)
35. M00 与 M30 都是程序停止，意义相同。 (　　)
36. M03 为主轴正转。 (　　)
37. S 功能是表示主轴转速，只是用 r/min 表示。 (　　)
38. F 功能的单位只能用 mm/min 表示。 (　　)
39. T0100 表示 1 号刀具，无刀补。 (　　)
40. 机床坐标系对一台机床来讲是固定不变的。 (　　)
41. 工件坐标系的原点与机床坐标系原点在同一处。 (　　)
42. G00 与 G01 后必须设定进给量 F 值。 (　　)
43. G02 G03 后的 R 值有正和负两种。 (　　)
44. G02 G03 后面的 I，J，K 值是指圆弧插补的终点坐标值。 (　　)
45. 电火花加工的基本条件之一是火花放电必须在一定绝缘介质中进行。 (　　)
46. 电火花加工表面的润滑性能和耐磨性能均比机械加工的好。 (　　)
47. 单向走丝电火花切割加工，所采用的工作液大多为乳化液。 (　　)
48. 电火花线切割程序格式有：3B、4B、5B、ISO 和 EIA 等。 (　　)
49. 电火花加工中严禁用裸手接触加工区任何金属物体。 (　　)
50. 电火花线切割加工时工作脉冲的脉宽较窄，单个脉冲能量和平均电流较小。 (　　)

数控机床操作综合测试三

班级		姓名		学号		日期		成绩	

选择题(每题 2 分,合计 100 分)

1. 数控机床综合应用了自动控制、计算技术、精密测量和机床结构等方面的新成就,它特别适合于(　　)品种,(　　)批量零件的加工。

(A) 多　(B) 单一　(C) 大　(D) 小

2. 零件上既有孔又有面需要加工时,一般数控机床进行加工的顺序为(　　)。

(A) 先面后孔　(B) 先孔后面　(C) 孔、面同时加工　(D) A、B、C 都可以

3. 在数控车床上,不能自动完成的功能为(　　)。

(A) 车床的启动、停止　(B) 纵、横向进给

(C) 刀架转位、换刀　(D) 工件装夹、拆卸

4. 功能字 P 加数值表示(　　)。

(A) 进给速度　(B) 刀具功能　(C) 主轴功能　(D) 暂停功能

5. 数控机床关机时,第一动作为(　　)。

(A) 关闭数控系统电源　(B) 关闭机床总电源

(C) 数控系统复位　(D) 删除数控程序

6. 数控机床空运行操作时,应先(　　)机床锁定键,再(　　)循环启动键,进行加工路径模拟。

(A) 按下　(B) 放开　(C) 按下或放开　(D) 不操作

7. M98P100 表示执行(　　)。

(A) 程序结束　(B) 孔加工循环　(C) 子程序　(D) 切削液打开

8. 品种多、批量小、形状复杂零件的加工选用最合适的设备是(　　)。

(A) 专用机床　(B) 数控机床　(C) 普通机床　(D) 组合机床

9. 圆弧插补用半径编程时,当圆弧对应的圆心角大于 180 时 R 为(　　)。

(A) 负值　(B) 正值　(C) 正、负值均可　(D) 最大值

10. 滚珠丝杠螺母机构的特点是(　　)。

(A) 摩擦阻力大　(B) 不能自锁　(C) 有爬行现象　(D) 间隙小

11. M03 指令表示(　　)。

(A) 主轴逆时针转动　(B) 主轴顺时针转动

(C) 主轴停止转动　(D) 结束子程序

12. 确定机床坐标轴的次序是(　　)。

(A) X、Y、Z　(B) Y、X、Z　(C) Z、X、Y　(D) Y、Z、X

13. T0300 表示(　　)。

(A) 3 号刀补偿　(B) 撤销 3 号刀补偿

(C) 选用 0 号刀具　　(D) 选用 300 号刀具

14. G01X50Z100F40 表示(　　)。

(A) 从 X500 处移到 Z100　　(B) 快速移到 X500Z100 处

(C) 进给速度移到 X500Z100 处　　(D) 从 01 处移到 40

15. 若 H01=−5,要实现刀具半径补偿可用(　　)。

(A) G01G42X20Y20　　(B) G01G43X20Y20H01

(C) G01G41X20Y20H01　　(D) G01G44X20Y20

16. 若输入程序段为 G02G01X40Y70F40,则(　　)。

(A) 圆弧插补运动　　(B) 直线插补运动

(C) 不运动　　(D) 快速启动

17. 用孔加工循环指令(G73 或 G83)编程,其中 Q 表示(　　)。

(A) 规定移动值　　(B) 每次加工的深度

(C) 重复次数　　(D) 进给速度

18. 子程序结束指令是(　　)。

(A) M02　　(B) M30　　(C) M99　　(D) M01

19. 在主程序中,有一个程序段为:/N1200M99P0080;当跳步选择开关"OFF"时,则表示执行完该程序段后(　　)。

(A) 程序结束　　(B) 调用 0080 号子程序

(C) 返回本程序 0080 程序段　　(D) 程序启动

20. G92X0Y0Z10,表示刀位点在工件坐标系中坐标值是(　　)。

(A) X0,Y0,Z0　　(B) X0,Y0,Z10

(C) X0,Y0,Z-10　　(D) X0,Y0,Z1

21. 用 G54 指令建立工件坐标系的方法是(　　)。

(A) 用刀位点确定　　(B) 通过操作面板设定

(C) 任意给定　　(D) 程序给定

22. 数控机床主要由程序输入设备、数控装置、机床主体和(　　)组成。

(A) 计算机　　(B) 光电阅读机　　(C) 伺服系统给定　　(D) 反馈系统

23. 数控机床按运动方式可分为(　　)。

(A) 开环伺服系统、半闭环伺服系统、闭环伺服系统

(B) 点位控制系统、直线控制系统、连续控制系统

(C) 两坐标数控机床、三坐标数控机床、多坐标数控机床

(D) 自动数控机床、半自动数控机床、手动数控机床

24. 数控机床的加工特点是(　　)。

(A) 加工精度高,生产效率高,劳动强度高,对零件加工适应性强

(B) 加工精度高,生产效率高,劳动强度低,对零件加工适应性差

(C) 加工精度高,生产效率高,劳动强度低,对零件加工适应性强

(D) 加工精度高,生产效率低,劳动强度高,对零件加工适应性强

25. (　　)为点定位控制数控机床。

(A) 数控车床　　(B) 数控钻床　　(C) 数控铣床　　(D) 加工中心

26. 各几何元素间的联结点称为(　　)。
(A) 基点　(B) 节点　(C) 交点　(D) 叉点

27. 在车削螺纹过程中,F指令的进给速度单位为(　　)。
(A) mm/min　(B) mm/r　(C) r/mm　(D) mm/s

28. G00指令与下列的(　　)指令不是同一组的。
(A) G01　(B) G44　(C) G04　(D) G02

29. 下列G指令中(　　)是非模态指令。
(A) G54　(B) G44　(C) G04　(D) G03

30. A向转动的正方向依据坐标轴是(　　)。
(A) *X*轴　(B) *Y*轴　(C) *Z*轴　(D) *X*－*Y*轴

31. 用ϕ12mm的刀具进行轮廓的粗、精加工,要求精加工余量为0.4,则粗加工偏移量为(　　)。
(A) 12.4mm　(B) 11.6mm　(C) 6.4mm　(D) 0.4mm

32. 设H01＝－2mm,G91 G44 G01 Z-20 F100 H01执行后的实际移动量为(　　)。
(A) 20mm　(B) 22mm　(C) 18mm　(D) 2mm

33. 工件定位时,下列哪一种定位是不允许存在的(　　)。
(A) 完全定位　(B) 欠定位　(C) 不完全定位　(D) 过定位

34. 选择设计基准为定位基准是属于(　　)。
(A) 基准重合　(B) 基准统一　(C) 互为基准　(D) 工艺基准

35. 钻孔时,由于钻头偏斜引起孔径变化,是在(　　)上加工的。
(A) 钻床　(B) 铣床　(C) 车床　(D) 镗床

36. 产生静摩擦因数大的导轨是(　　)。
(A) 滚动导轨　(B) 滑动导轨　(C) 静压导轨　(D) 动压导轨

37. G02G91X0Y0I0K10表示的运动轨迹是(　　)。
(A) 不运动　(B) 圆　(C) 一段圆弧　(D) 一段直线

38. G01X50W50F100是(　　)。
(A) 增量编程　(B) 绝对编程　(C) 混合编程　(D) 相对编程

39. 精加工复合循环指令是(　　)。
(A) G71　(B) G70　(C) G72　(D) G69

40. 开环伺服系统的工作台位移精度取决于(　　)。
(A) 工作台位置反馈系统　(B) 角度测量反馈系统
(C) 步距角精度　(D) 测量系统

41. 为减少定位误差,应采用(　　)方法。
(A) 基准统一　(B) 自为基准　(C) 基准重合　(D) 工艺基准

42. G00X80.0Z200.0,G00X30.0W-50.0,这时刀具坐标值的位置是(　　)。
(A) X30.0,Z150.0　(B) X30.0,Z50.0
(C) X30.0,Z-50.0　(D) X80.0,Z200.0

43. 若H02＝10,执行G91G44G01Z50.0H02F40后,实际位移量是(　　)。
(A) 60mm　(B) 40mm　(C) 50mm　(D) 10mm

44. 滚动导轨与滑动导轨相比，它具有(　　)。

(A) 磨损小，定位精度高，抗震性高，结构复杂

(B) 磨损小，定位精度高，抗震性差，结构复杂

(C) 磨损小，定位精度低，抗震性高，结构复杂

(D) 磨损小，定位精度高，抗震性高，结构简单

45. 计算机数控机床的任意选刀方法中，常用(　　)方法选刀。

(A) 刀具编码　　(B) 刀座编码

(C) 计算机跟踪记忆　　(D) 程序设定

46. 粗加工时切削用量选择，首先应考虑(　　)。

(A) 保证加工精度　　(B) 保证表面质量

(C) 切除多余的金属　　(D) 刀具寿命

47. 机床运动位置的坐标值是相对于前一位置给出的，该坐标系称为(　　)。

(A) 机床坐标系　　(B) 编程坐标系

(C) 绝对坐标系　　(D) 相对坐标系

48. 绕 x 轴旋转的坐标是(　　)。

(A) A　　(B) B　　(C) C　　(D) B-C

49. 增量式检测元件的数控机床断电后必须回(　　)。

(A) 机床零点　　(B) 程序零点

(C) 工件零点　　(D) 刀具零点

50. 增量式检测元件的数控机床开机后必须回(　　)。

(A) 机床零点　　(B) 程序零点

(C) 工件零点　　(D) 刀具零点

数控机床操作综合测试四

班级		姓名		学号		日期		成绩	

选择题(每题2分,合计100分)

1. 步进电机的角位移越大,则表示步进电机的(　　)。
   (A) 脉冲数量越多　(B) 脉冲频率越高
   (C) 通电顺序变大　(D) 通电顺序变小
2. G02、G03指令是用来选择(　　)。
   (A) 直线插补　(B) 圆弧插补　(C) 刀具补偿　(D) 平面
3. 绕z轴旋转的坐标是(　　)。
   (A) A　(B) B　(C) C　(D) A-B
4. G04指令的功能是(　　)。
   (A) 退出功能　(B) 暂停功能　(C) 转移功能　(D) 启动功能
5. 设H01=−2mm,G91 G44 G01 Z-20 F100执行后的实际移动量为(　　)。
   (A) 20mm　(B) 22mm　(C) 18mm　(D) 2mm
6. 用ϕ10mm的刀具进行轮廓的粗、精加工,要求精加工余量为0.5mm,则粗加工的偏置量为(　　)。
   (A) 9.5mm　(B) 10.5mm　(C) 5.5mm　(D) 0.5mm
7. 工件定位时,被消除的自由度少于六个,但能满足加工要求的定位称(　　)。
   (A) 完全定位　(B) 欠定位　(C) 不完全定位　(D) 过定位
8. 加工中心的选刀方式有(　　)。
   (A) 任意选刀　(B) 顺序选刀　(C) 条件选刀　(D) 临时设定
9. 切削三要素有进给量、背吃刀量和(　　)。
   (A) 切削厚度　(B) 切削速度　(C) 进给速度　(D) 切削深度
10. 工件定位时,仅消除三、四个或五个自由度,没有消除全部自由度的定位方式称为(　　)。
    (A) 完全定位　(B) 过定位　(C) 不完全定位　(D) 久定位
11. 能对刀具相对于零件的运动轨迹进行连续控制,以加工任意斜率的直线、圆弧、抛物线或其他函数关系曲线的控制系统称为(　　)控制系统。
    (A) 点位　(B) 点位直线　(C) 连续　(D) 自动
12. 闭环伺服系统是在机床的(　　)安装位置检测装置。
    (A) 滚珠丝杆　(B) 工作台面　(C) 伺服电机转轴　(D) 刀具
13. 开环控制系统用于(　　)数控机床上。
    (A) 经济型　(B) 中、高档　(C) 精密型　(D) 所有
14. 数控机床加工依赖于各种(　　)。

(A) 位置数据　(B) 模拟信息　(C) 准备功能　(D) 数字化信息

15. 数控机床的核心是(　　)。

(A) 伺服系统　(B) 数控系统　(C) 反馈系统　(D) 传动系统

16. 数控机床的 F 功能常用(　　)单位。

(A) m/min　(B) mm/min 或 mm/r

(C) r/m　(D) mm/s

17. 数控机床加工零件时是由(　　)来控制的。

(A) 数控系统　(B) 操作者　(C) 伺服系统　(D) 进给系统

18. G90 指令是用来确定(　　)的。

(A) 刀尖起始点　(B) 编程方式　(C) 快速定位点　(D) 加工精度

19. G41 指令是用来对(　　)进行补偿。

(A) 刀尖位置　(B) 刀尖半径　(C) 刀具长度　(D) 刀具角度

20. 数控加工中心是属于(　　)数控机床。

(A) 回转刀架　(B) 更换主轴箱

(C) 带刀库自动换刀　(D) 多刀架多主轴

21. 当加工程序结束回到程序初始状态时,应当采用(　　)指令。

(A) G04　(B) M05　(C) M00　(D) M30

22. 数控机床对刀的过程,实质上是确定(　　)的过程。

(A) 编程原点　(B) 刀架参考点　(C) 刀偏量　(D) 刀尖起始点

23. 要求主轴以 700r/min 作顺时针运转,其指令应为(　　)。

(A) M03　T1 1　(B) M02　S700　(C) M03　S700　(D) M03　F700

24. 在进行刀偏置设置时,数控机床是处在(　　)状态下。

(A) 自动加工　(B) 图像模拟　(C) 手动加工　(D) 程序编辑

25. 检测刀架实际位移的系统为(　　)系统。

(A) 开环　(B) 闭环　(C) 半闭环　(D) 半开环

26. 检测伺服电机转角的系统为(　　)系统。

(A) 开环　(B) 闭环　(C) 半闭环　(D) 半开环

27. 与主轴同步旋转,并把主轴转速信息传给数控装置的装置为(　　)。

(A) 反馈系统　(B) 运算器

(C) 主轴脉冲发生器　(D) 同步系统

28. 代替车床进给箱和溜板箱等功能的为(　　)。

(A) 反馈系统　(B) 主轴脉冲发生器

(C) 伺服系统　(D) 运算器

29. 与旋转刀具和旋转工件重合的轴为(　　)轴。

(A) x　(B) y　(C) z　(D) x-y

30. 下列 G 指令中(　　)是非模态指令。

(A) G00　(B) G01　(C) G04　(D) G02

31. (　　)是直线插补指令。

(A) G00　(B) G01　(C) G02　(D) G03

32. 数控车床的坐标应在(　　)平面。

(A) G17　(B) G18　(C) G19　(D) G20

33. 刀具直径补偿的代码为(　　)。

(A) G42　(B) G43　(C) G48　(D) G44

34. (　　)为主轴停转。

(A) M02　(B) M03　(C) M05　(D) M08

35. G33 中 F3 表示(　　)。

(A) 进给量为 3mm/min　(B) 进给量为 3mm/r

(C) 螺距为 3mm　(D) 切削速度为 3mm/min

36. (　　)是回零操作。

(A) 刀架退到机械零点　(B) 刀架退到工件坐标系原点

(C) 刀架退到参考点　(D) 刀架退到起点

37. 用于指令动作方式的准备功能指令代码为(　　)。

(A) F 代码　(B) M 代码　(C) S 代码　(D) G 代码

38. 数控车床与普通车床相比,在结构上差别最大的部件是(　　)。

(A) 刀架　(B) 床身　(C) 主轴箱　(D) 进给传动

39. "NC"的含义是(　　)。

(A) 数字控制　(B) 计算机数字控制

(C) 网络控制　(D) 控制系统控制

40. "CNC"的含义是(　　)。

(A) 数字控制　(B) 计算机数字控制

(C) 网络控制　(D) 控制系统控制

41. 数控机床的种类很多,如果按加工轨迹分,则可分为(　　)。

(A) 二轴、三轴控制和连续控制　(B) 点位控制、直线控制和连续控制

(C) 二轴、三轴控制和多轴控制　(D) 二轴、三轴控制

42. 机床运动位置的坐标值是相对于固定的坐标原点给出的,该坐标系称为(　　)。

(A) 机床坐标系　(B) 编程坐标系

(C) 绝对坐标系　(D) 相对坐标系

43. 机床运动位置的坐标值是相对于前一位置给出的,该坐标系称为(　　)。

(A) 机床坐标系　(B) 编程坐标系

(C) 绝对坐标系　(D) 相对坐标系

44. 电火花加工,可以加工的材料为(　　)。

(A) 硬质合金　(B) 不锈钢

(C) 淬火钢　(D) 任何导电的金属材料

45. 电火花放电时,火花通道中瞬时产生大量的热,中心温度可高达(　　)左右,足以使任何金属局部熔化、汽化,而被蚀除掉,形成放电凹坑。

(A) 1000℃　(B) 5000℃　(C) 10000℃　(D) 50000℃

46. 高速走丝线切割机床采用 3B 程序编程时需用的参数有四个:切割的起点或终点坐标 x、y 值;切割时的记数长度 j;切割时的(　　)和(　　)。

(A) 分隔符 b　　(B) 记数方向 G　　(C) 坐标原点 O　　(D) 加工指令 z

47. 电极丝的直径决定了(　　)和(　　),最大切割速度一般都是用较粗的丝实现的。

(A) 脉冲宽度 t_e　　(B) 脉冲峰值电流 i_e

(C) 脉冲峰值电压 u_i　　(D) 切缝宽度 b

48. 石墨的电蚀量很小,因为它的(　　)温度很高,且热容量很大,在工业生产中,被广泛地应用。

(A) 熔点　　(B) 沸点　　(C) 熔点和沸点　　(D) 汽化点

49. 电火花加工是利用(　　)能量加工材料的。

(A) 电热能　　(B) 电机械能　　(C) 电化学能　　(D) 电磁能

50. 电火花加工用脉冲电源的作用是把工频交流电转换成(　　)的(　　)电流,可供给电极放电间隙所需的能量来蚀除金属。

(A) 低频　　(B) 高频　　(C) 单向　　(D) 双向

数控机床操作综合测试五

班级		姓名		学号		日期		成绩	

填空题(每空格 1 分,合计 100 分)

1. 一个完整的尺寸包含的四要素为尺寸界线,尺寸线,尺寸数字和__________。
2. 高速钢具有良好的__________,较高的__________,以及韧性和耐磨性。
3. 用 V 形块对工件__________面定位,具有自动对中的功能。
4. NC 表示__________,CNC 表示__________。
5. 加工中心的主轴部件常有__________、__________、__________、__________四个基本功能。
6. 数控机床按运动轨迹可分为__________、__________、__________。
7. 常用的直线型位置检测元件有__________、__________、__________。
8. 程序编制的方法有__________和__________两种。
9. 数控车床一般只有__________轴和__________轴。
10. 数控机床的 F 功能常用__________和__________两种单位。
11. FMS 表示______________________________。
12. 数字控制系统简称__________,计算机控制系统简称__________。
13. 数控机床由__________、__________、__________、__________四部分组成。
14. 数控机床按工艺用途可分为__________、__________、__________。
15. 数控机床常用的信息输入方式有__________、__________、__________、__________。
16. 一般数控机床只有__________和__________插补功能。
17. 数控机床的 y 轴一般是当__________轴决定以后,用__________法则决定。
18. 数控车床的刀具功能字 T 既指定了__________,又指定了__________。
19. FMC 表示______________________________。
20. 数控机床的 S 功能可指定__________或__________。
21. 数控机床的某一部件运动的正方向是__________的方向。
22. FANUC 系统的增量坐标常用代码__________表示。
23. 圆弧插补采用半径编程时,不能加工__________。
24. 程序检验的方法有__________、__________、__________几种。
25. 数控铣床常用____________________实现粗精铣轮廓编程。
26. 圆弧顺、逆方向的判别方法是______________________________。
27. x,y,z 坐标的旋转坐标是__________正方向,按__________法则确定。
28. 平面轮廓加工中,刀具最好沿__________方向进行进刀,退刀。
29. 暂停程序代码有__________和__________。
30. 数控车床的刀具参数包括__________、__________、__________。

31. 数控车床加工螺纹时，两端应考虑一定的__________。
32. 车刀主要标注角度有前角、后角、主偏角、副偏角和__________。
33. 程序执行的顺序和____________________有关。
34. 数控机床坐标系采用__________，符合__________法则，一般先确定__________轴。
35. 与__________平行或重合的坐标轴为 z 轴。
36. 建立机床坐标系的操作是__________操作。
37. 坐标尺寸可使用公制或__________。
38. G 指令为__________指令和__________指令两种。
39. 模态指令一经执行一直有效，直到被__________的其他代码取消或替代为止。
40. 有些系统在编程时，既可使用小数点编程，也可使用__________编程。
41. 车床刀具运动，铣床工件运动，但编程时应遵循__________而运动的原则。
42. 位置精度要求较高的孔系加工可采用__________的方法。
43. 主轴转速和线速度之间的关系为____________________。
44. 平面选择指令主要用来选择__________平面和__________平面。
45. 数控铣床的默认加工平面为____________________平面。
46. G00 快速定位的运动轨迹通常是____________________。
47. G02/G03 只能加工____________________圆弧。
48. 半径编程加工圆弧时，当圆弧__________时，R 为正。
49. 半径编程加工圆弧时，当圆弧__________时，R 为负。
50. 增量状态下，圆心坐标是 I,J,K 是__________的增量坐标。
51. G41 的判别方法是____________________。
52. G42 的判别方法是____________________。
53. G47/G48 多用于加工________________和________________。
54. 刀补号为 0 表示____________________。
55. 各几何元素之间的连接点称为____________________。
56. 逼近线段与被加工曲线的交点称为____________________。
57. 一般数控机床只有__________和__________插补功能。
58. 车床上，刀尖圆弧只有在加工__________和__________时产生加工误差。
59. 数控车床上 x 轴的坐标常用__________编程。
60. 在建立左补/右补的程序段中，不能使用__________指令产生移动。
61. FANUC 系统中 G71 指令只能加工的__________外圆。
62. FANUC 系统中 G71 指令只能加工的__________内孔。

数控机床操作综合测试六

班级		姓名		学号		日期		成绩	

一、简答题(每题 5 分,合计 75 分)

1. 简述数控机床加工工艺过程、特色和应用范围。

2. 简述数控机床与普通机床的区别。

3. 简述按伺服系统分类的数控机床的特点。

4. 简述按运动轨迹分类数控机床的特点。

5. 简述数控机床主轴脉冲发生器的作用。

6. 简述数控机床回零操作的目的、常用方式及注意事项。

7. 数控加工的对刀点及换刀点在设定时应注意哪些问题?

8. 数控编程的方法有哪几种?各有何特点?

9. 什么是机床坐标系、工件坐标系、机械原点、程序原点？

10. 什么是直线插补、圆弧插补？

11. M、S、T 锁定按钮按下后，是否所有的 M、S、T 指令都无效？

12. 如何设定数控铣床加工坐标系？

13. 数控加工的对刀点及换刀点在设定时应注意哪些问题？

14. 数控机床加工程序检验的常用方法有哪些？

15. 简述数控机床在结构、CNC、伺服系统等方面的发展趋势。

二、工艺编程题（25 分）

根据图纸要求编制零件的车削程序

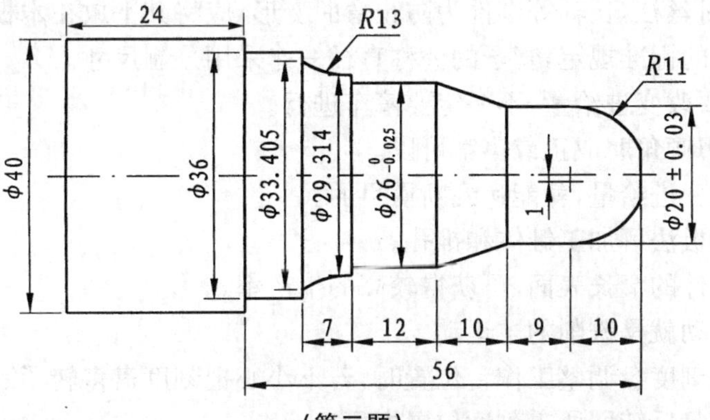

（第二题）

(2) 机械制造工程实训综合测试

机械制造工程实训综合测试一

班级		姓名		学号		日期		成绩	

一、判断题(每题 1 分,共 30 分)

1. 退火主要用于降低材料的硬度,便于切削加工。 ( )
2. 淬火时冷却介质的选用,在一般的情况下碳钢用油,合金钢用水。 ( )
3. 磷是钢中有害元素,含量增多时会给钢带来冷脆性。 ( )
4. 玻璃钢是以玻璃纤维为增强剂,以合成树脂为黏结剂而制成的一种复合材料。 ( )
5. 造型时,砂型的紧实度越高,强度也越高,则铸件质量便越好。 ( )
6. 熔模铸造无分型面,故铸件的尺寸精度较高。 ( )
7. 设计模锻件时,必须加上脱模斜度,即类似于铸造木模的起模斜度的侧壁斜度。 ( )
8. 钢的加热速度越快,表面氧化就越严重。 ( )
9. 低碳钢和低合金结构钢是焊接结构的主要材料。 ( )
10. 电焊条外层涂料的作用主要是防止焊芯金属生锈。 ( )
11. 胶接工艺可以完全替代焊接。 ( )
12. 划线时为了使划出的线条清晰,划针应在工件上反复多次划动。 ( )
13. 钻孔时,应戴好手套清除切屑,以防止手被切屑划破。 ( )
14. 只要零件的加工精度高,就能保证产品的装配质量。 ( )
15. 机器拆卸时,对丝杠,长轴等零件为防止弯曲变形,应将其平放在木板上。 ( )
16. 根据我国现行的标准规定,管子的公称直径一律采用公制尺寸。 ( )
17. 操作车床时,要改变进给量,不一定要停车进行。 ( )
18. 粗车外圆时,刃倾角磨成正或零都可以。 ( )
19. 车削时只要改变进给量,就能达到断屑目的。 ( )
20. 采用转动小拖板法可加工锥体和锥孔。 ( )
21. 用刨床加工工件的窄长表面,可获得较高的生产率。 ( )
22. 铣刀的旋转运动就是铣削的主运动。 ( )
23. 当用手柄转动刻度盘调整工作台位置时,若不小心把刻度盘多转了一些,则只需把刻度盘反转回所需刻度位置即可。 ( )

24. 让刀运动是插齿机特有的一种运动。（　　）
25. 纵向磨削法可以用一砂轮加工长度不同的工件，适宜于磨削长轴和精磨。（　　）
26. 为了减少安装误差，提高加工精度，外圆磨床上都是使用死顶尖。（　　）
27. 电解加工工艺可以适用于金属和非金属材料。（　　）
28. 生产人造革通常采用压延涂层法。（　　）
29. 常温常压下自然形成的铁的氧化膜，能像铝的氧化膜一样起防锈作用。（　　）
30. 经过磷化处理后，零件表面上生成一层十分平整光滑的磷化膜。（　　）

二、选择题（每题 2 分，共 70 分）

1. 在工程塑料中，适宜于制作塑料模具的是（　　）。
(A) 环氧塑料(EP)　(B) 尼龙(PA)　(C) 电木(PF)　(D) ABS 塑料

2. 制造锉刀、手用锯条时，应选用的材料为（　　）。
(A) T10A　(B) 65 钢　(C) Q235　(D) HT200

3. 45 钢经调质处理后的硬度为（　　）。
(A) 45～55HRC　(B) 35～45HRC　(C) 23～28HRC　(D) 55～60HRC

4. 为了提高低碳钢工件的切削加工性能，应采用（　　）。
(A) 退火　(B) 正火
(C) 淬火＋中温回火　(D) 淬火＋高温回火

5. 通常浇注系统由四部分组成，其中与铸件直接相连的部分是（　　）。
(A) 直浇道　(B) 内浇道　(C) 冒口　(D) 横浇道

6. 通常不需要型芯和浇注系统即可获得空心旋转体铸件的铸造方法是（　　）。
(A) 熔模铸造　(B) 金属型铸造　(C) 离心铸造　(D) 压力铸造

7. 铸件上出现冷隔缺陷，产生的主要原因是（　　）。
(A) 浇注速度过快　(B) 浇注速度过慢
(C) 浇注时发生中断　(D) 铸件冷却速度过快

8. 下列材料中，不能锻压成形的是（　　）。
(A) HT200　(B) 25 钢　(C) LD5　(D) Q235

9. 始锻温度的确定，主要受到金属在加热过程中不至于产生（　　）现象所限制。
(A) 氧化　(B) 脱碳　(C) 过热与过烧　(D) 过软

10. 冲床在一个行程内，并在同一位置上完成两个或两个以上工序的模具称为（　　）。
(A) 冲孔模　(B) 复合模　(C) 连续模　(D) 落料模

11. 手工电弧焊焊接薄板时，为防止烧穿，应选用（　　）。
(A) 直流正接法　(B) 直流反接法　(C) 交流弧焊机　(D) A、B、C 都可以

12. 下列材料不能进行氧-乙炔气割的是（　　）。
(A) Q235　(B) 20 钢　(C) HT200　(D) 45 钢

13. 焊接件的变形，主要原因是（　　）。
(A) 焊件上温度分布不均匀而导致应力的产生
(B) 焊接速度过快
(C) 焊接电流过大
(D) 焊条直径太粗

14. 锯切厚件时应选用(　　)。

(A) 粗齿锯条　(B) 中齿锯条　(C) 细齿锯条　(D) 任何锯条

15. 锉削铜、铅等软金属材料时,应选用(　　)。

(A) 细齿锉刀　(B) 什锦锉刀　(C) 粗齿锉刀　(D) 油光锉刀

16. 攻丝时,每正转一圈要倒退$\frac{1}{4}$圈目的是(　　)。

(A) 减少摩擦　(B) 提高螺纹精度

(C) 便于断屑　(D) 减少切削力

17. 沉头螺孔的加工,通常采用(　　)。

(A) 钻　(B) 扩　(C) 铰　(D) 锪

18. 管材的公称直径是指(　　)。

(A) 管材的内径　(B) 管材的外径　(C) 通用口径　(D) 管材的中径

19. 车台阶的右偏刀,其主偏角应为(　　)。

(A) 45°　(B) 75°　(C) 90°　(D) 93°

20. 车床丝杠螺距为12mm,以下螺纹(　　)车削时不能采用开合螺母法车削。

(A) M24　(B) M24×2.5　(C) M24×1　(D) M24×1.5

21. 螺距规螺纹样板用于测量(　　)。

(A) 螺距　(B) 牙形角　(C) 中径　(D) 螺距和牙形角

22. 用下列方法进行孔加工,精度最好的应是(　　)。

(A) 钻孔　(B) 扩孔　(C) 镗孔　(D) 钻孔后铰孔

23. 能在一台机床上完成零件车、铣加工的设备为(　　)。

(A) 数控车床　(B) 数控车削中心　(C) 普通车床　(D) 数控铣床

24. 牛头刨床刨削的主运动是(　　)。

(A) 工作台的横向移动　(B) 滑枕的往复直线运动

(C) 摆杆的摇摆运动　(D) 摆杆齿轮的旋转运动

25. 刨削加工与水平方向成60°角的斜面时,刀架应转动(　　)。

(A) 30°　(B) 60°　(C) 90°　(D) 任意角度

26. 铣刀与车刀相比,它的主要特点是(　　)。

(A) 刀齿多　(B) 刀刃锋利　(C) 切削效率高　(D) 耐用度高

27. 逆铣比顺铣的突出优点是(　　)。

(A) 切削平稳　(B) 刀齿散热条件好

(C) 切削时工件不会窜动　(D) 生产率高

28. 锥齿轮的加工设备一般是(　　)。

(A) 插齿机　(B) 滚齿机　(C) 刨齿机　(D) 铣床

29. "砂轮的硬度"是指(　　)。

(A) 砂轮上磨料的硬度

(B) 在硬度计上打出来的硬度

(C) 磨粒从砂轮上脱落下来的难易程度

(D) 砂轮上磨粒体积占整个砂轮体积的百分比

30. 薄壁套筒零件磨外圆时，一般来用(   )。

(A) 两顶尖装夹　　(B) 卡盘装夹

(C) 心轴装夹　　(D) A、B、C 中任一种

31. 准确地复制唱片膜的印刷版时最好采用(   )。

(A) 电解加工　　(B) 激光加工　　(C) 电铸加工　　(D) 电火花加工

32. 塑料组成部分中的防霉剂、稳定剂、增塑剂等，均属(   )类。

(A) 合成树脂　　(B) 添加剂　　(C) 填充剂　　(D) 硬化剂

33. 生产电线、电缆可采用(   )。

(A) 注射成形　　(B) 挤压成形　　(C) 吹塑成形　　(D) 膜压成形

34. 大气环境下的普通钢零件表面的(   )分层是呈疏松多孔、强度很差，却又与零件材料本体(   )，而易脱落。

(A) 一氧化铁、最为接近　　(B) 三氧化二铁、相距较远

(C) 四氧化三铁、相距适中　　(D) 五氧化四铁、紧密结合

35. 用于深冲的 08F 钢板坯料表面经过磷化处理后，应进一步(   )。

(A) 浸涂皂液

(B) 浸涂润滑油

(C) 在 10%铬酸钠溶液内浸泡 15min 左右

(D) 作退火处理

机械制造工程实训综合测试二

班级		姓名		学号		日期		成绩	

一、判断题(每题 1 分,共 30 分)

1. 任何钢种通过淬火处理都能达到硬而耐磨的目的。 ( )
2. 淬火钢的回火后硬度,主要取决于回火温度和保温时间,而与回火后的冷却速度无关。 ( )
3. QT800-2 为球墨铸铁材料。 ( )
4. 在使用条件下,周围环境对塑料影响的敏感性要比金属材料小。 ( )
5. 当铸件生产批量较大时,都可用机器造型代替手工造型。 ( )
6. 为便于起模,模样上应有一定的拔模斜度,其斜度大小应随模样高度的增加而减小。 ( )
7. 锻造拔长时送进量越大,则生产效率就越高。 ( )
8. 不考虑火耗,模锻件的坯料质量一般大于锻件质量。 ( )
9. 被焊接件越厚,焊条直径越粗,则选择的焊接电流应越大。 ( )
10. 焊机外壳接地的目的是为了防止漏电。 ( )
11. 气焊火焰温度比电弧焊低,加热速度缓慢,故焊件变形小。 ( )
12. 锯切时,一般手锯往复长度不应小于锯条长度的 2/3。 ( )
13. 钻头的旋转运动是主运动也是进给运动。 ( )
14. 完全互换使装配工作简单、经济且生产率高。 ( )
15. 成组螺纹连接时,螺钉或螺母拧紧顺序应该是一个接一个进行。 ( )
16. 无缝钢管的规格是以它的内径和壁厚作为生产和使用的依据。 ( )
17. 操作车床时,要改变转速,必须停车进行。 ( )
18. 精车外圆时,刃倾角磨成正或零都可以。 ( )
19. 车刀的主偏角越大,受径向力反而越小。 ( )
20. 车 M24×2 螺纹时,转速可以任意调换,不会影响螺距。 ( )
21. 刨削加工通常用于单件,小批量生产及检修。 ( )
22. 铣刀的结构不同,其安装方法相同。 ( )
23. 逆铣时工件加工表面进给方向与铣刀旋转方向相同。 ( )
24. 用展成法加工的齿形精度要比成形法加工出的齿形精度高。 ( )
25. 磨床工作台的纵向进给和砂轮横向进给均为液压传动,所以工作平稳,并可实现无级调速。 ( )
26. 研磨、珩磨和超精加工,都属于光整加工。 ( )
27. 特种加工是直接利用各种能量对材料进行加工,其加工机理相同于金属切削加工。 ( )

28. 生产中空塑件、薄膜一般采用吹塑成形。 (　　)
29. 冲蚀是运动着的固体颗粒对零件的磨损过程。 (　　)
30. 热喷镀时，必须将零件整体加热到高温塑性状态。 (　　)

二、选择题(每题 2 分，共 70 分)

1. 牌号为 40Cr 钢材料，其属于(　　)。
(A) 碳素结构钢　　(B) 碳素工具钢
(C) 合金结构钢　　(D) 特殊用途钢

2. 牌号为 HT200 材料，其中“200”表示(　　)。
(A) 布氏硬度值　　(B) 抗拉强度值
(C) 抗压强度值　　(D) 抗弯强度值

3. 用 T12 钢做锉刀时，其合适的最终热处理工艺应选用(　　)。
(A) 调质处理　　(B) 渗碳处理
(C) 淬火加中温回火　　(D) 淬火加低温回火

4. 塑料的性能和使用范围主要取决于(　　)。
(A) 填充剂　　(B) 增塑剂　　(C) 合成树脂　　(D) 发泡剂

5. 下列工件中适宜用铸造方法生产的是(　　)。
(A) 螺栓　　(B) 机床丝杠
(C) 车床上进刀手轮　　(D) 自行车中轴

6. 考虑到合金的流动性，设计铸件时应(　　)。
(A) 加大铸造圆角　　(B) 减小铸造圆角
(C) 限制最大壁厚　　(D) 限制最小壁厚

7. 铸件上出现严重的粘砂现象，产生的主要原因是(　　)。
(A) 型砂的退让性差　　(B) 型砂的耐火性差
(C) 型砂的透气性差　　(D) 型砂的强度不够

8. 坯料在加热过程中出现过烧缺陷后，其处理的办法是(　　)。
(A) 热处理退火　　(B) 重新加热锻造
(C) 报废　　(D) 热处理正火

9. 当大批量生产 20CrMnTi 齿轮轴时，其合适的毛坯制造方法是(　　)。
(A) 铸造　　(B) 模锻　　(C) 冲压　　(D) 自由锻

10. 用冲模沿封闭轮廓线冲切板料，冲下部分为产品，该种冲模为(　　)。
(A) 切断模　　(B) 冲孔模　　(C) 落料模　　(D) 连续模

11. 酸性焊条被广泛应用的原因是(　　)。
(A) 焊缝含氢量少　　(B) 焊接工艺性好
(C) 焊缝抗裂性好　　(D) 价格便宜

12. 气焊焊接低碳钢零件时，常选用(　　)。
(A) 中性焰　　(B) 氧化焰　　(C) 碳化焰　　(D) 都可以

13. 车刀上的硬质合金刀片是用(　　)方法焊接在刀杆上的。
(A) 电弧焊　　(B) 氩弧焊　　(C) 点焊　　(D) 钎焊

14. 对不规则的大工件进行划线时应选用(　　)。

(A) V形铁　　(B) 千斤顶　　(C) 方箱　　(D) 平板

15. 钻孔时,孔径扩大的原因是(　　)。

(A) 钻削速度太快　　(B) 钻头后角太大

(C) 钻头两条主切削刃长度不等　　(D) 进给量太大

16. 可拆连接是(　　)。

(A) 焊接　　(B) 螺栓　　(C) 压合　　(D) 铆接

17. 装配中的修配法适用于(　　)。

(A) 单件生产　　(B) 小批生产

(C) 成批生产　　(D) 大批生产

18. 在系统管道的连接中,要使密封性好,装拆方便,采用的方法是(　　)。

(A) 短丝连接　　(B) 活管接连接

(C) 长丝连接　　(D) 任意连接

19. 粗车碳钢零件时,应选用车刀材料(　　)。

(A) YG3　　(B) YG8　　(C) YT5　　(D) YT30

20. 车锥度时车刀刀尖中心偏离工件旋转中心,会产生(　　)。

(A) 锥度变化　　(B) 圆锥母线成双曲线

(C) 表面粗糙度增大　　(D) 表面粗糙度减小

21. 用螺纹千分尺可测量外螺纹的(　　)。

(A) 大径　　(B) 小径　　(C) 中径　　(D) 螺距

22. 加工 M72×4 外螺纹,其中径尺寸约为(　　)。

(A) 72　　(B) 72－0.65×4

(C) 72－1.1×4　　(D) 72＋0.65×4

23. 在数控车床上不能自动完成的功能为(　　)。

(A) 车床的启动,停止　　(B) 纵横向进给

(C) 刀架转位换刀　　(D) 装夹工件

24. 在牛头刨床上粗刨时,一般采用(　　)。

(A) 较高的刨削速度,较小的切削深度和进给量

(B) 较低的刨削速度,较大的切削深度和进给量

(C) 中等的刨削速度,中等的切削深度和进给量

(D) 三者皆可以

25. 刨削加工中刀具容易损坏的原因是(　　)。

(A) 排屑困难　　(B) 容易产生积屑瘤

(C) 切削温度过高　　(D) 每次工作行程开始时,刨刀都受到冲击

26. 铣床附件回转工作台的主要用途是(　　)。

(A) 加工等分工件

(B) 加工圆弧形表面和圆弧形腰槽的零件

(C) 加工体积不大,形状较规则的零件

(D) 体积较大、形状不规则的零件

27. 在普通铣床上铣齿轮,一般用于(　　)。

(A) 单件生产高精度齿轮　　(B) 单件生产低精度齿轮
(C) 大批量生产高精度齿轮　　(D) 大批量生产低精度齿轮

28. 用分度头铣一 24 齿的齿轮，分度头每次应转多少周(　　)。$\left(i=\frac{1}{40}\right)$
(A) 24 周　　(B) 40 周　　(C) $\frac{24}{40}$周　　(D) $\frac{40}{24}$周

29. 粒度粗、硬度高、组织疏松的砂轮适合于(　　)。
(A) 精磨　　(B) 硬合金的磨削
(C) 软金属的磨削　　(D) 各种磨削

30. 磨削锥度较小的圆锥面，应采用(　　)。
(A) 转动工作台法　　(B) 转动头架法
(C) 转动砂轮法　　(D) A、B、C 中任一种

31. (　　)加工要求在真空环境中进行。
(A) 超声波　　(B) 激光　　(C) 电解　　(D) 电子束

32. 生产塑胶手套可采用(　　)方法。
(A) 注射成形　　(B) 压注成形　　(C) 吹塑成形　　(D) 浸涂成形

33. 用刻有图案或文字的热膜，将载体上的装饰膜层，在加压的瞬间转移到塑料制品表面的工艺，称为(　　)。
(A) 涂装　　(B) 凸版印刷　　(C) 箔压印　　(D) 凹版印刷

34. 零件渗镀时所以能形成渗层的过程机理，完全在于(　　)。
(A) 高温扩散作用　　(B) 表面电化学反应
(C) 表面吸附作用　　(D) 表面氧化反应

35. 家用电器的铁壳需经高压静电喷塑，为保证喷塑层与零件本体间的结合强度，喷塑前预先(　　)。
(A) 磷化处理　　(B) 镀覆处理　　(C) 氧化处理　　(D) 清洗处理

(3) 上海市普通高等工程专科教育金工实习教学评估应知试题

班级		姓名		学号		日期		成绩	

一、**判断题**(每题 1.5 分,共 12 分)

1. 为了使砂型透气性良好,应在砂型的上下箱都扎通气孔。 (　　)

2. 芯骨的作用是用来增加砂型的强度。 (　　)

3. 用离心铸造生产空心旋转体铸件,不需要型芯和浇注系统。 (　　)

4. 拔长时送进量越大,拔长效率就越高。 (　　)

5. 在常用金属材料中,低碳钢是容易被气割的。 (　　)

6. 欲将大截面工件焊透,最好的方法是加大焊接电流和焊条直径。 (　　)

7. 一般工业用电(电灯照明、电力传动等)可以直接用作焊接电源。 (　　)

8. 用砂轮周边磨削平面时,砂轮与工件接触面小,切削量小,砂轮圆周上的磨损基本一致,磨削区容易冷却,所以能达到较高的磨削精度。 (　　)

二、**填空题**(每空格 0.5 分,共 48 分)

1. 在图中按 1～6 的顺序填出浇注系统各部分的名称。

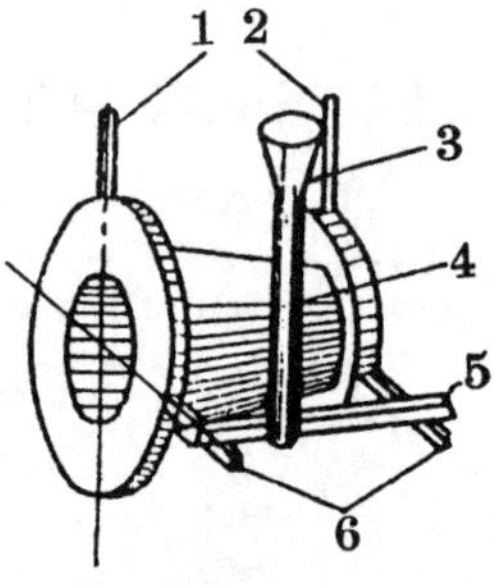

(第 1 题)

2. 将图中列出的六种铸件,填出各自合理的造型方法。

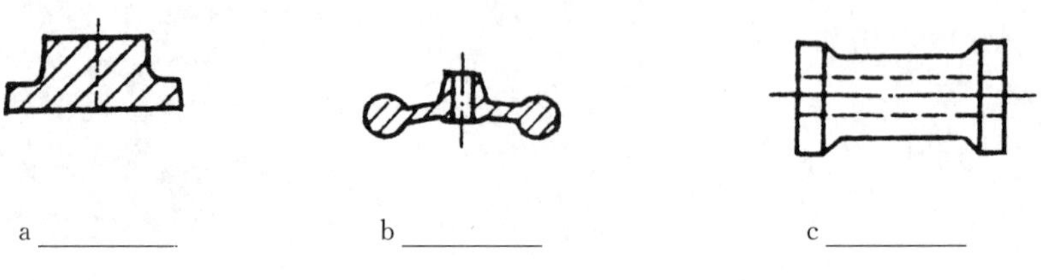

a ＿＿＿＿＿　　b ＿＿＿＿＿　　c ＿＿＿＿＿

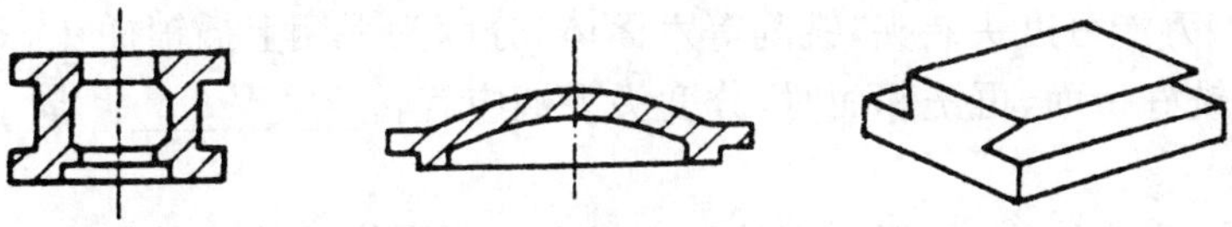

d________　　e________　　f________

（第 2 题）

3. 铝合金的熔炼设备一般采用__________炉，由于其在液态下极易发生__________和__________，为确保质量其熔炼过程应在__________条件下进行。

4. 400kg 空气锤中的“400kg”表示__________。通过踏杆或手柄操纵上、下旋阀可使锤头实现以下四个动作：__________、__________、__________、__________。

5. 氧气瓶是用来储存氧气的一种高压容器，使用时应严禁__________、__________、__________，以免引起爆炸。

6. 结合锻造实习说出自由锻造的基本工序有__________、__________、__________、__________、__________、__________。

7. 车削外圆锥体的方法有__________、__________、__________和__________四种。

8. 如图，在尖头外圆车刀、90°偏刀立体图上各标注车刀的六个基本角度（偏刀主偏角 κ_r 已标，只需标注另外的五个基本角度）。

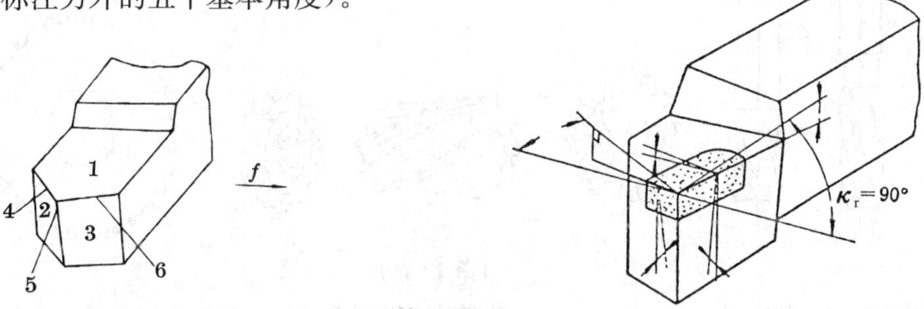

（第 8 题）

9. 攻 M6 内螺纹（螺距 1mm），钢件的底孔应钻成 ϕ______，铸铁件的底孔应钻成 ϕ______。

10. 如图，麻花钻用钝后刃磨其__________面，以形成__________、__________和__________角度。

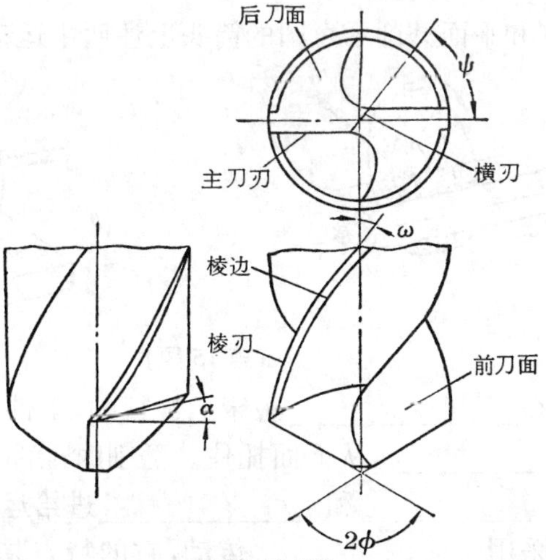

（第 10 题）

11. 用 FW125 型万能分度头装夹，铣削等六面体，分度头手柄上插销插在 36 孔眼的分度盘孔圈上。当铣好一面，再铣邻面时，分度头手柄应旋转________周________个孔距。

12. 在如图所示的牛头刨床、龙门刨床的引出线上注明所指部件的名称。

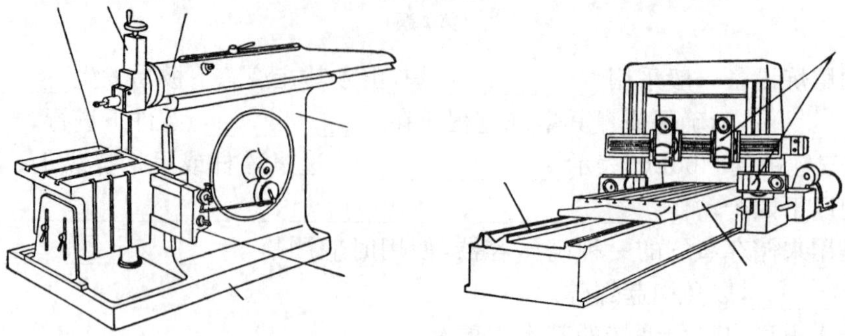

(第 12 题)

13. 在如图所示的六把铣刀下注明其名称。

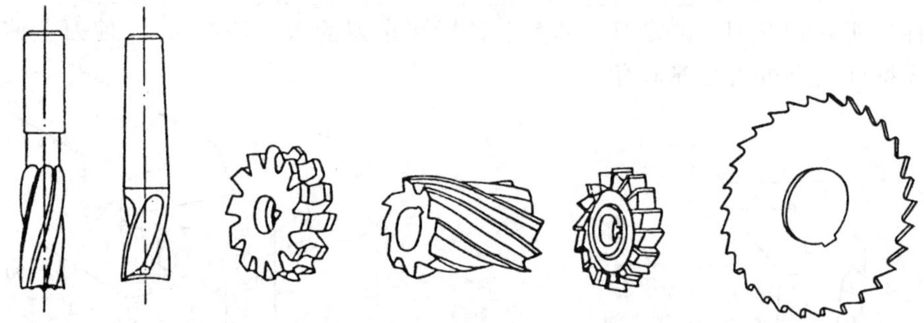

(第 13 题)

14. 磨削硬材料应选择________砂轮(指砂轮硬度)，磨削软材料应选择________砂轮；粗磨应选择________粒度，精磨应选择________粒度；磨削韧性材料，磨削大面积应选择________组织砂轮，磨削脆性材料，磨削小面积应选择________组织砂轮。

15. 如图，在外圆磨削和平面磨削示意图的箭头上注明主运动和进给运动。

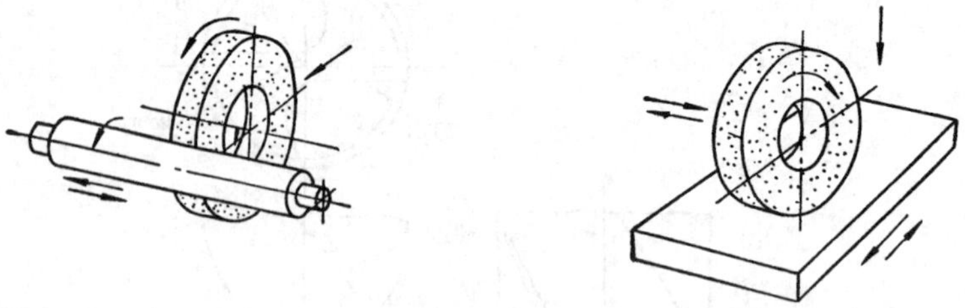

(第 15 题)

16. 外圆无心磨削是在________磨床上进行的，工件放在砂轮和________轮之间，并依靠________从下面托住。磨削时工件依靠________轮的摩擦力带动而获得________和________进给运动。

17. 磨床工作台一般采用________传动，它的特点是________，________

和＿＿＿＿＿＿＿＿。

18. 磨削时需使用大量切削液，目的是＿＿＿＿＿＿＿＿，＿＿＿＿＿＿＿＿和＿＿＿＿＿＿＿＿。

19. 车床上的丝杠用于车削＿＿＿＿＿＿＿＿，光杠用于＿＿＿＿＿＿＿＿走刀。

三、选择题（每题 1.5 分，共 24 分）

1. 手工电弧焊焊薄板时，为了防止烧穿，常采用的工艺措施是（　　）。

（A）氩气保护　　（B）直流正接

（C）直流反接　　（D）CO_2 气体保护

2. 下列金属材料中不能锻压加工的是（　　）。

（A）Q235　　（B）35 钢

（C）HT200　　（D）W18Cr4V

3. 为了防止镦歪，被镦粗坯料的高度要小于其直径（　　）。

（A）1 倍　　（B）2 倍

（C）2.5～3.0 倍　　（D）3.0～3.5 倍

4. 普通车床床身浇注时，其导轨面应（　　）。

（A）朝上　　（B）朝下　　（C）朝左侧　　（D）朝右侧

5. 制好的砂型，通常要在型腔表面涂上一层涂料，其目的是（　　）。

（A）防止粘砂　　（B）增加透气性

（C）增加砂型强度　　（D）防止气孔

6. 精车铸铁法兰盘，应采用（　　）。

（A）YG3 硬质合金车刀　　（B）YG5 硬质合金车刀

（C）YG8 硬质合金车刀　　（D）人造金刚石车刀

7. 刃磨硬质合金车刀的刀片部分，宜采用（　　）。

（A）普通氧化铝砂轮　　（B）白色氧化铝砂轮

（C）黑色碳化硅砂轮　　（D）绿色碳化硅砂轮

8. 钳工锯割厚件应选用（　　）。

（A）粗齿锯条　　（B）中齿锯条

（C）细齿锯条　　（D）各种锯条都可使用

9. 平板锉适于锉削（　　）。

（A）方孔　　（B）圆孔

（C）内（凹）曲面　　（D）平面和外（凸）曲面

10. 机床导轨最终精加工宜采用（　　）。

（A）刨削　　（B）锉削　　（C）研磨　　（D）导轨磨削或刮削

11. 在普通铣床上铣齿轮，一般用于（　　）。

（A）单件生产高精度齿轮　　（B）单件生产低精度齿轮

（C）大批生产高精度齿轮　　（D）大批生产低精度齿轮

12. 在车削螺纹时，车床下述哪个箱体内的齿轮允许进行调换，以满足螺距的要求（　　）。

（A）进给箱　　（B）主轴变速箱

（C）挂轮箱　　（D）溜板箱

13. 如图，键槽铣刀能够直接铣出（指不必先钻孔）封闭键槽的原因是（　　）。

(A) 刀齿少　　(B) 两端面刀刃通到中心
(C) 铣刀螺旋角大　　(D) 铣刀刚性好

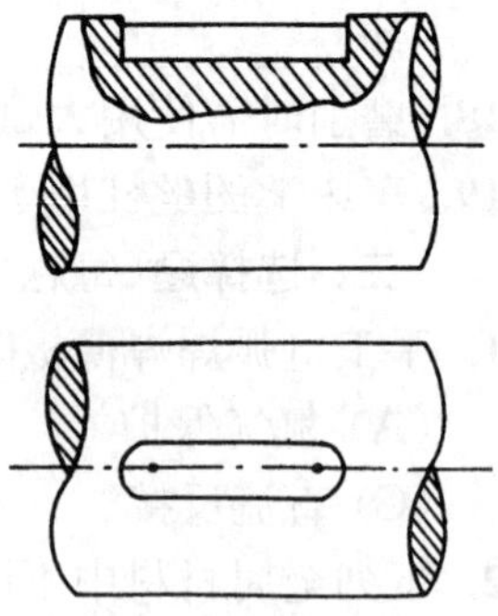

(第 13 题)

14. 砂轮的硬度是指(　　)。
(A) 砂轮磨料的硬度
(B) 砂轮黏结剂的硬度
(C) 磨粒从砂轮上脱落的难易程度
(D) 砂轮在硬度计上打出来的硬度

15. 磨削同轴度要求较高的阶梯轴,宜采用(　　)。
(A) 双顶尖装夹
(B) 三爪卡盘装夹
(C) 无心磨削
(D) 一端三爪卡盘、一端顶尖装夹

16. 磨削能达到的经济尺寸精度和表面粗糙度范围为(　　)。
(A) IT4-IT2, R_a0.05～0.1　　(B) IT7-IT5, R_a0.8～0.2
(C) IT4-IT2, R_a0.8～0.2　　(D) IT7-IT5, R_a0.05～0.1

四、简答、工艺分析题(每题 6 分,共 36 分。其中打 * 题为机类学生做,近机类学生不做)

1. 在钳工实习锯割时,锯割 T10 钢和 20 钢哪种省力?为什么?

2. 修改如图所示铸件的结构设计,并标出修改后结构的分型面。

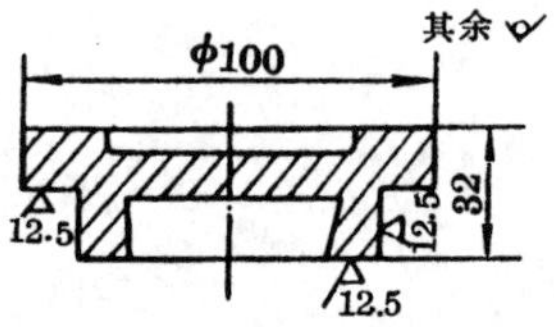

(第 2 题)

**3.* 如图是一个 V 形块铸件,在加工过程中出现了气孔,试分析产生的原因并提出预防措施。

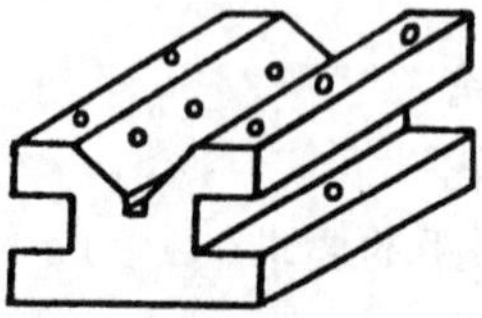

(第 3 题)

4. 比较平面的刨削和铣削，分析它们的特点。

*** 5.** 在图中指出哪个是顺铣，哪个是逆铣？说出自己做铣工时用的是顺铣还是逆铣，为什么？

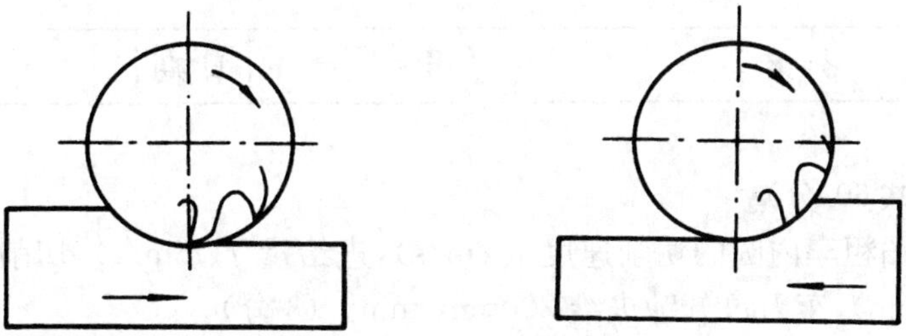

（第 5 题）

*** 6.** 说明常用齿轮加工方法——滚齿、插齿、剃齿、磨齿、珩齿的使用场合。

(4) 黑龙江省本科院校专科教育金工实习教学评估应知试题

班级		姓名		学号		日期		成绩	

一、简答题(共 60 分)

1. 列式并计算如图粗车内圆的切削速度 v_c(m/s),进给量 f(mm/r),切削深度 a_p。工件转速 n=800(r/min),车刀每分钟进给 200mm/min。(3 分)

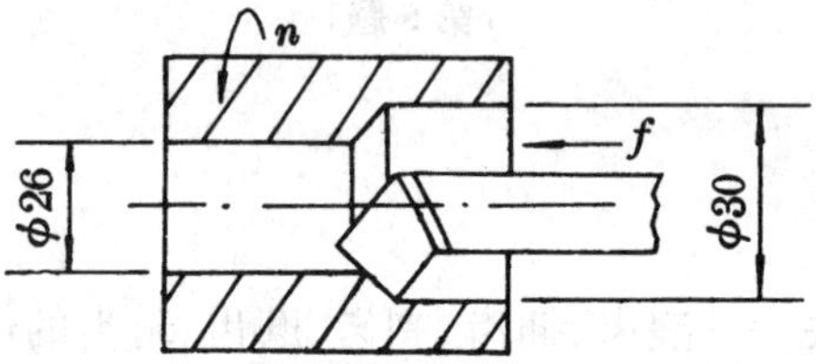

(第 1 题)

2. 指出以下机床型号各为什么机床。(2 分)

型　号	M7120A	B6065	X5032	CY6140
机　床				

3. 列式并计算如图中主轴的转速(r/min)。(4 分)

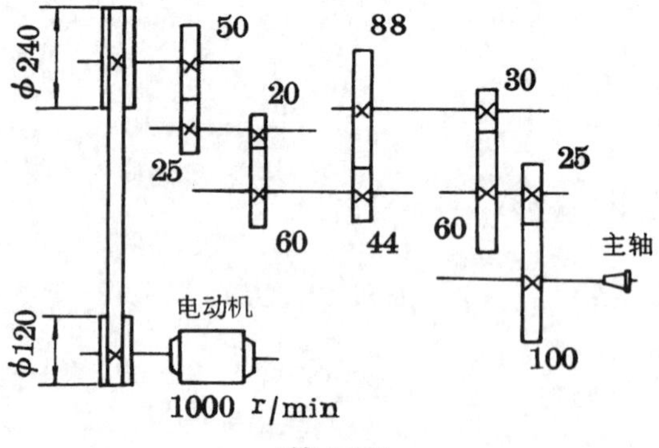

(第 3 题)

4. 计算如图中的传动，车出螺纹的螺距(单头)$P_{工}$是几毫米。(4分)

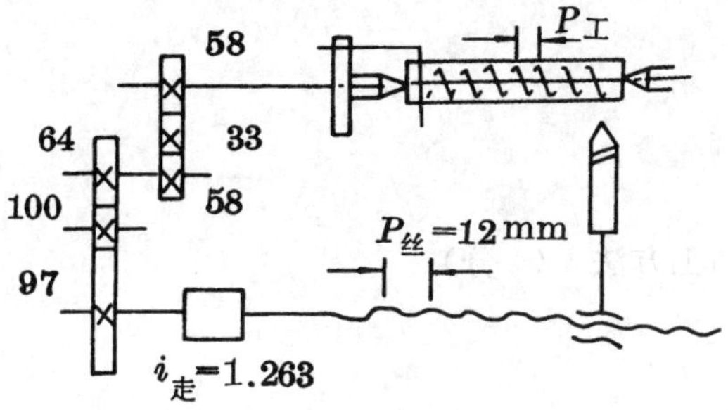

(第4题)

5. 安装车刀时，刀尖高度应为多高合适，怎样对准高度？(4分)

6. 写出车锥体的两种方法，哪一种不能车锥孔，哪一种不能自动走刀？(4分)

7. 写出外圆车刀四个角度的名称及符号。(4分)

8. 在铣床上铣齿轮，被铣齿轮的齿数 $z=28$，应选用具有__________孔的分度盘，每一次分度时分度手柄应转__________转和__________孔距。(分度盘的孔圈数为38、39、41、42、43、…)(4分)

9. 作图表示刨削如图中斜面时，刀架和刀座各应怎样转角？(4分)

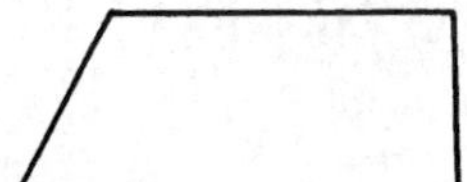

(第9题)

10. (1) 在一块无槽的工件上铣T形槽，需要用哪几种铣刀？(2分)

(2) 作出铣刀和工件的图，表示 3 种铣斜面的方法。(2 分)

11. 写出钳工 8 种基本加工方法。(4 分)

12. 在钢工件上套扣时，螺纹直(外)径为 d，螺距为 t_7 套扣前圆杆直径应怎样算出？(2 分)

13. 写出车外圆时减小表面粗糙度 R_a 值的三种办法。(3 分)

14. 粗齿、中齿和细齿锉刀，根据什么来区分？(2 分)

15. 计算出如图中的铣削速度(m/s)。铣刀外径 $D=100$mm，铣刀转速 $n=300$r/min。(2 分)

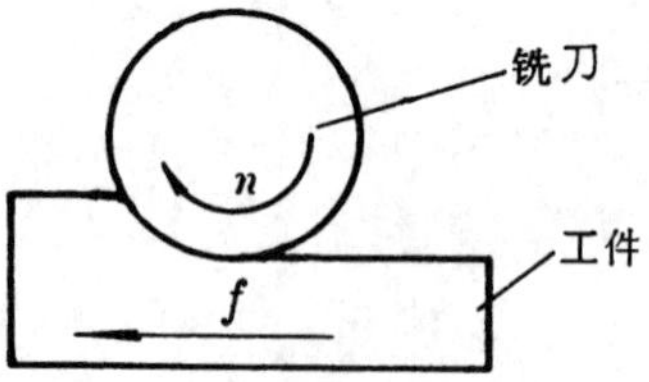

(第 15 题)

16. 在平面磨床上磨削黄铜工件的平面,用电磁吸盘装夹工件对否?(2分)

17. 内孔中的键槽应在什么机床上加工?(2分)

18. 写出铣床四种主要附件的名称。(2分)

19. 写出车外圆时工件上的三个表面的名称。(2分)

20. 写出外圆车刀两个刃和三个面的名称。(2分)

二、填空题(每空格0.5分,共40分)

1. 把液态金属浇入__________中获得铸件的生产方法称为铸造,而固态金属在两砥铁间变形获得产品的方法称为__________。
2. 砂型铸造生产铸件的基本过程是__________、__________、__________、烘干、__________、__________、__________、__________、__________及检验。
3. 造型材料(型砂、芯砂)应具备__________、__________、__________、__________、__________、__________等性能。
4. 砂型铸造中常见的手工造型方法有__________、__________、__________、__________、__________、__________等。
5. 型芯用来形成铸件的__________,型芯上不与液态金属接触的部分称为__________,它主要起__________、__________的作用。
6. 对砂型和型芯进行烘干的目的是提高__________和减少__________。
7. 砂型铸造中生产铸件用的模样,其尺寸比铸件__________。
8. 一般情况下,分型面应选在铸件的__________处,制作模样时把__________作成圆角。

9. 锻压生产中要求金属必须具有良好的________。

10. 对金属加热的目的是提高________和降低________，而温度过高或加热时间过长会产生________、________和________缺陷。

11. 空气锤的吨位是以________来表示，而压力机的吨位是以产生的________表示。

12. 自由锻的基本工序是________、________、________、________和________等。

13. 空气锤的锤头可实现________、________、________和________等动作。

14. 冲压生产中的主要设备叫做________，所选用的金属是________。

15. 冲压生产中被分离后落下部分为废料的工序称为________。

16. 铝饭盒采用________工序制成，铝型材是用________方法制成，而钢轨是用________方法制成。

17. 常见的熔化焊方法有________、________和________等。点焊属________。

18. 手工电弧焊的焊条由焊芯和________组成，后者起________、________和________作用。

19. 手工电弧焊的起弧方式有________和________两种。

20. 气焊火焰有________、________和________三种。

21. 气焊生产除可进行连接金属的作用外，还可进行________。

22. 焊接位置有________、________、________和________四种。

23. 手工电弧焊采用直流焊机时，电源正极接________称为________接(极性)。

24. 点燃气焊火焰时应先打开________阀门。

25. 热处理过程中不改变零件的________，而是为了获得必要的________。

26. 常见热处理的四把火是指________、________、________和________。

(5) 江苏省工科本科院校高等工程专科金工实习教学评估应知试题

班级		姓名		学号		日期		成绩	

一、钳工(共 30 分)

1. 工件划线常用的基准有哪几种类型?(3 分)

2. 常用錾子有哪三种?根据什么来选择錾子楔角 β 的大小?(4 分)

3. 何谓锯路?锯路有何作用?(4 分)

4. 锉削平面有哪三种操作方法?如工件较窄表面已锉平,加工余量很小,须修正尺寸减少表面粗糙度时,应采用何种锉法?(4 分)

5. 在 45 钢制工件上加工一螺纹盲孔,尺寸为 M12×1.75 深 30mm。试确定攻螺纹前的钻孔直径及孔深。(4 分)

6. 在攻螺纹和套螺纹的操作过程中,为什么要进行反转?(2 分)

7. 锯条在锯弓上装得过紧或过松，对锯割有何影响？（2 分）

8. 何谓刮削？在什么情况下应用刮削？（3 分）

9. 装配方法有哪四种？零件的连接方式分哪两类？（4 分）

二、车工（共 30 分）

1. 注出图中所指表面的名称，并计算其切削深度 a_p。（4 分）

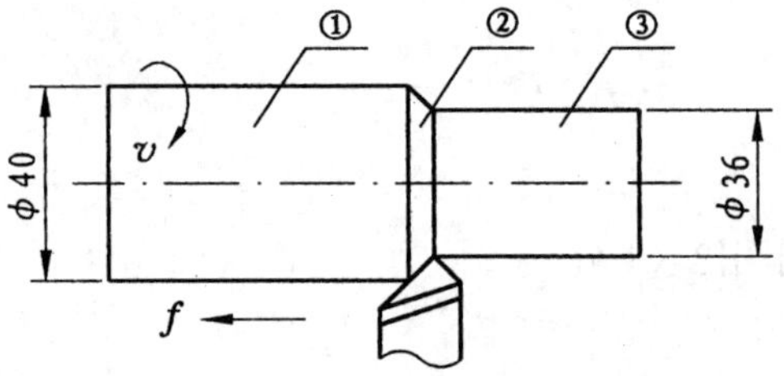

（第 1 题）

2. 用横向进给手动手柄（中拖板手柄）加大切削深度时，如刻度盘多转了三格，现就只退三格，是否可以？为什么？应如何处理？（4 分）

3. 车圆锥有哪几种方法？单件生产锥角为 30°，锥体长度 60mm 的锥面时，采用何种方法？（5 分）

4. 在卧式车床上加工工件时，有哪几种装夹方法？（至少答四种）。车削细长轴时，采用什么方法装夹？（4 分）

5. 按用途可将车刀分为哪几种？（至少答四种）（2 分）

6. 在卧式车床上车削外圆，安装车刀时应注意哪些事项？（5 分）

7. 在卧式车床上可以完成哪些加工工作？（至少答八种）（4 分）

8. 车削加工的工件尺寸公差等级和表面粗糙度 R_a 值一般可达多少？（2 分）

三、铣、刨、磨工（共 20 分）

1. 什么是铣削的主运动和进给运动？铣削的主要加工范围有哪些？（5 分）

2. 在铣床上利用万能分度头铣削直齿圆柱齿轮，齿数 $z=36$，计算每一次分度时手柄应转过的转数 n。（分度盘各圈的孔数为 46、47、49、51、53、54、57、58、59、62、66）（5 分）

3. 在牛头刨床上刨削工件之前，须对刨床进行哪些调整？（4 分）

4. 磨床有哪几种？（至少答四种）（2 分）

5. 试述磨削平面时使用切削液的主要作用。(2 分)

6. 经磨削加工的工件,一般尺寸公差等级和表面粗糙度 R_a 值可达多少?(2 分)

四、铸、锻、焊工(共 20 分)

1. 填全砂型铸造生产工艺过程框图。(5 分)

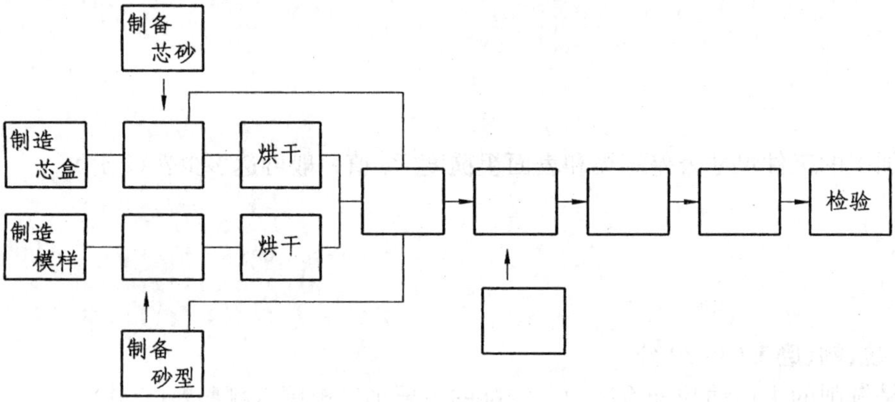

(第 1 题)

2. 在型砂中加入煤粉和木屑,有什么作用?(2 分)

3. 一般浇注系统由哪几部分组成?(3 分)

4. 锻造前对坯料加热的目的是什么？(2分)

5. 自由锻的基本工序有哪些？(至少答六种)(3分)

6. 手弧焊平焊两块厚为4mm的低碳钢板，试选用焊条直径及焊接电流。(2分)

7. 气焊黄铜、低碳钢、硬质合金刀头时，应分别采用何种火焰？(3分)

(6) 江苏省高等院校《工程材料与机械制造基础》统测试题(本科机类)

班级		姓名		学号		日期		成绩	

一、判断题(每题 2 分,共 20 分)

1. 钢材的晶粒愈小,变形抗力愈大,其塑性愈差。 ( )
2. 60 钢,强度高,多用于焊接重要焊件。 ( )
3. 钎焊的焊接温度低,一般用于焊接低熔点的金属材料。 ( )
4. 低碳钢因为强度、硬度低,必须通过调质处理以提高其综合机械性能。 ( )
5. 弹簧、锻模等零件常采用中温回火处理。 ( )
6. 铁碳合金在常温下的基本相结构是铁素体和金属化合物(Fe_3C)。 ( )
7. 切削用量确定的基本原则和步骤为:在条件许可下,先选取最大的 a_p,其次尽可能选取大的 f,而 v 往往是最后确定的。 ( )
8. 用砂轮的端面磨削平面,由于接触面积大,压力小,故工件的磨削粗糙度 R_a 值也小。 ( )
9. 浇注厚而大的铸铁件时,要增大铁水中 C 和 Si 的含量。 ( )
10. 由于冷却收缩不一致,铸件的厚壁处和心部受压缩,而表层受拉伸。 ( )

二、填空题(每题 2 分,共 20 分)

1. 液态金属的结晶过程可以分为两个基本阶段,即:
(1) ________________;(2) ________________。
2. 铁碳合金在固态下的几种基本组织为:
(1) __________;(2) __________;(3) __________;(4) __________;(5) __________。
3. 热处理工艺的基本过程包括:
(1) __________;(2) __________;(3) __________三个阶段。
4. 钢的退火目的有多项:
(1) __________;(2) __________;(3) __________;(4) __________。
5. 金属的可锻性是用__________和__________来综合衡量。
6. 研磨时,研具的硬度应__________工件的硬度。
7. 砂轮的硬度是指________________。
8. 钻削阶梯孔的尺寸顺序应该是先钻__________,再钻__________。
9. 白口铸铁经过__________处理,可以获得__________铸铁。
10. 焊件开坡口的目的是:

(1) ____________；(2) ____________。

三、改正题(如有错请将原句错误处改正)(每题 2 分,共 20 分)

1. 工件的转速是影响刀具耐用度的重要因素。

2. 硬质合金是一种能耐 500～600℃高温的合金钢。

3. 磨齿加工是一种高精度、低效率的齿形加工方法。

4. 焊接热影响区内的熔合区,由于其区段狭窄,故对焊接接头的机械性能影响不大。

5. 铅在室温下就能锻打成形,故属于冷变形。

6. 铸件上要求高的表面,浇注时尽可能处于上部或侧面。

7. 钢材的硬度愈低,愈易进行切削加工,它的切削性能愈好。

8. 挤压有热挤、冷挤之分,拉丝也有热拉、冷拉之分。

9. 共析钢的含碳量为 4.3%(C)。

10. 铝合金熔炼时，易吸收氮气，故应采用熔剂层下熔炼。

四、选择题(每题1分，共10分)

1. 经滚压加工后的轴，在交变载荷的作用下(　　)。
(A) 易产生表面应力　(B) 易产生疲劳裂纹
(C) 不易产生疲劳裂纹

2. 车刀安装时，如果刀尖高于工件轴线时，其实际前角(　　)。
(A) 增大　(B) 不变　(C) 减小

3. 气缸内壁(孔)的最后加工常利用(　　)完成。
(A) 内圆磨　(B) 研磨　(C) 珩磨

4. 制造圆柱形铣刀和钻头的刀具材料通常为(　　)。
(A) 碳素工具钢　(B) 合金工具钢　(C) 高速钢　(D) 硬质合金

5. 冷冲压件需要具有足够的强度，一般采用的钢板是(　　)。
(A) 低碳钢板　(B) 中碳钢板　(C) 高碳钢板

6. 一般焊条芯都是用(　　)制造。
(A) 低碳钢　(B) 中碳钢　(C) 高碳钢

7. 电弧焊的热影响区比气焊的热影响区(　　)。
(A) 宽　(B) 窄　(C) 大得多

8. 高碳钢可切削加工性最佳的状态是(　　)。
(A) 淬火后　(B) 正火后　(C) 热轧后　(D) 球化退火后

9. 在大量生产中，加工窄而长的平面宜用(　　)。
(A) 铣削　(B) 车削　(C) 刨削(龙门刨)

10. 冷变形是金属在(　　)以下的塑形变形。
(A) 相变温度　(B) 退火温度　(C) 再结晶温度

五、问答题(共30分)

1. 试改进下述零件的结构工艺性。

(1) 插削内齿轮(3分)

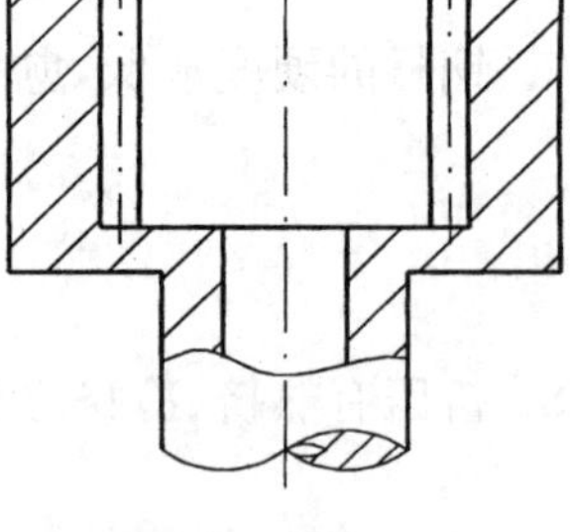

[第(1)题]

(2) 铸件(3.5分)

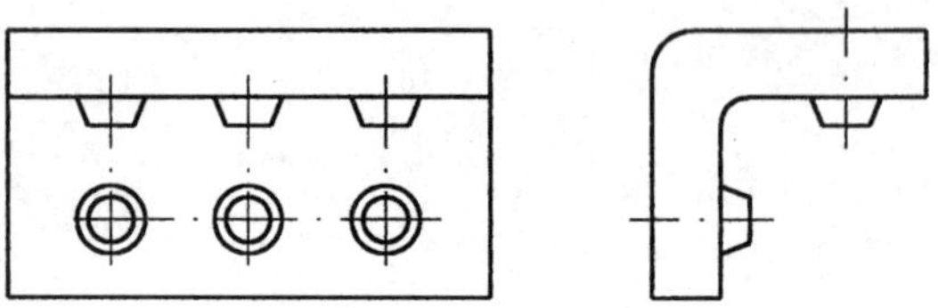

[第(2)题]

2. 图示容器，由钢板拼焊而成，试分析图示结构的工艺性(3 分)？如何改进(3 分)？

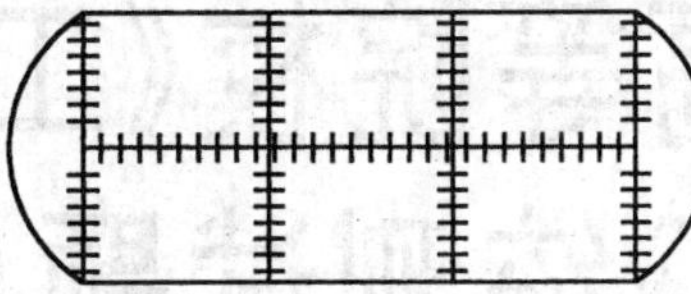

(第 2 题)

3. 写出图中镗刀的基本角度为多少？(7.5 分)

$\gamma_0 =$

$\kappa_r =$

$\lambda_s =$

$\alpha_0 =$

$\kappa'_x =$

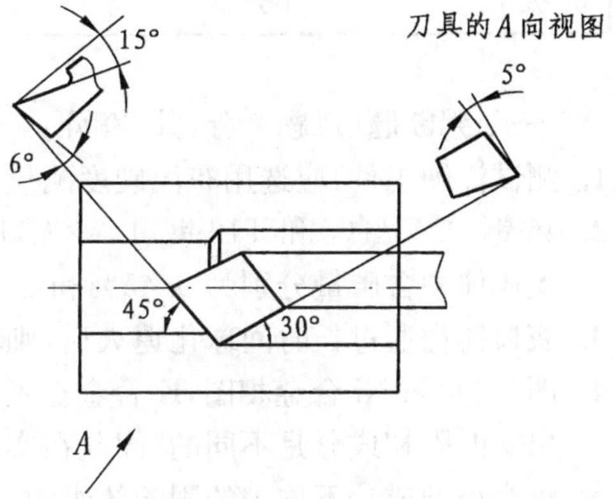

(第 3 题)

4. 写出如图传动路线，并计算各级转速值。(10 分)

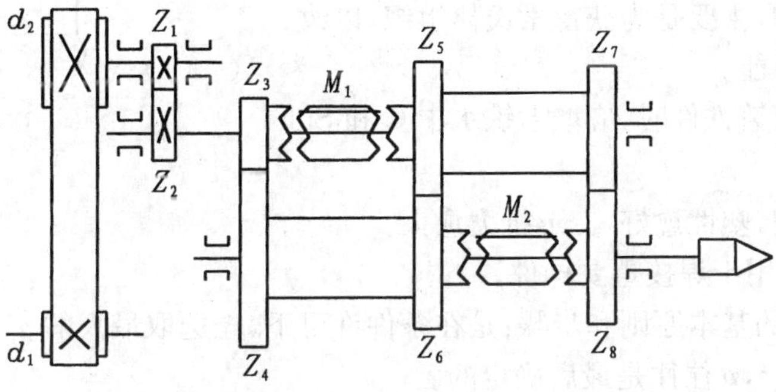

(第 4 题)

(7) 江苏省高等院校《工程材料与机械制造基础》统测试题(专科机类)

班级		姓名		学号		日期		成绩	

一、判断题(每题 2 分,共 20 分)

1. 测试淬硬工件,应选用布氏硬度测量;测试退火软工件应选用洛氏硬度测量。 ( )
2. 45 钢(0.45%C)和 T12 钢(1.2%C)加热到 A_{c1} 以上(800℃左右)保温后,则其奥氏体中含碳量分别为 0.45%和 1.2%左右。 ( )
3. 灰口铸件通过长时间球化退火后,则转变为球墨铸铁。 ( )
4. 图示为 Cu-Ni 合金相图,K 合金在不同温度下结晶出来的固相成分是不同的,因此在实际生产条件下将会得到成分不均匀的固溶体组织。 ( )
5. 金属在常温下的变形称冷变形,而在加热状态下的变形称热变形。 ( )
6. 高碳钢正火处理,主要是为获得索氏体组织,以改善材料的切削性能。 ( )

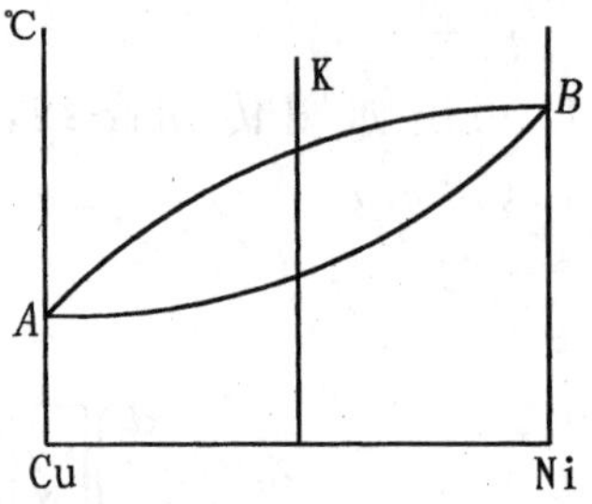

(第 4 题)

7. 浇注厚而大的灰铸铁件时,应增大铁水中 C 和 Si 的含量。 ( )
8. 钢材的晶粒愈细,塑性愈好,变形抗力愈大。 ( )
9. 60 钢强度高,多用于焊接重要构件。 ( )
10. 切削用量确定的基本原则和步骤:是在条件许可下,先选取最大的 a_p,其次尽可能选取大的 f,v 往往是最后确定的。 ( )

二、选择题(每题 1 分,共 10 分)

1. 金属结晶的必要条件是( )。
   (A) 过冷度　(B) 自由能差　(C) 形核率大小
2. 中碳结构钢获得良好的综合性能的热处理工艺为( )。
   (A) 淬火+低温回火　(B) 等温淬火　(C) 淬火+高温回火
3. 评价金属可焊性高低的指标为( )。
   (A) 产生裂纹的倾向　(B) 热影响区的晶粒大小　(C) 焊缝强度高低
4. 下列三种焊接方法中,热影响区最小的是( )。
   (A) 电渣焊　(B) 气焊　(C) 电弧焊
5. 为提高灰口铸铁的铸造性能,材料的碳当量(C_E)应选择为( )。
   (A) 等于 4%　(B) 等于 4.5%　(C) 小于、等于 0.43%

6. 气焊受热范围大，焊件容易变形，故主要用于焊接的工件为(　　)。
(A) 厚钢板　　(B) 薄钢板
7. 高碳钢和合金钢的锻造温度范围比中碳钢(　　)。
(A) 宽　　(B) 窄
8. 铸钢件一般采用顺序凝固的原则，浇口应开在铸件的(　　)。
(A) 薄壁处　　(B) 厚壁处　　(C) 中等壁厚处
9. 用砂轮的端面磨削平面，由于接触面积压大，平均压力小，故被磨表面的粗糙度(　　)。
(A) 得到改善　　(B) R_a 值高
10. 增大锻件延伸工序的进给量，可使拔长效率(　　)。
(A) 减小　　(B) 高　　(C) 不变

三、填空题(每题 2 分，共 20 分)

1. 普通黄铜为__________合金；普通青铜为__________合金。
2. 淬火钢的中温回火主要用于__________等工件，材料组织为__________。
3. 铁和碳相互作用形成的基本固相有__________、__________、__________。
4. 减少碳和硅的含量可使过共晶铸铁的流动性__________。
5. 铅在常温下就能锻压成形，故属于__________变形。
6. 焊接件开坡口的目的为__________和__________。
7. 研磨时，研具的硬度比工件的硬度__________。
8. 砂轮的硬度是指______________________________。
9. 铣削加工比车削加工振动大的原因是____________________。
10. 各种牌号灰铸铁的性能均和铸件的__________相对应。

四、改正题(如有错误，请改正)(每题 2 分，共 20 分)

1. 磨齿加工是一种高精度、低效率的轮齿加工方法。

2. 工件的转速愈高，磨削厚度也愈薄，磨削加工的精度就能提高。

3. 硬质合金是一种能耐 800～1000℃高温的刃具钢。

4. 挤压有冷挤压和热挤压之分，拉丝有冷拉和热拉之分，轧制也有冷轧和热轧之分。

5. 过烧后的锻件可经过再次热锻或退火处理来细化晶粒。

6. 球墨铸铁的铁水在加入球化剂的同时，要加入适量的硅铁，用以促进石墨进一步球化。

7. 设计锻件时，应使零件工作时的最大正应力方向和锻件纤维方向平行，最大切应力方向和纤维方向成 45°。

8. 薄板冷冲压件具有足够的强度，一般采用中碳钢板作为坯料。

9. 热影响区内的熔合区，由于区段狭窄（金相观察也难于分辨），所以对焊接接头的机械性能影响不大。

10. 铸件上要求高的表面，浇注时尽可能处于上部或两侧面。

五、综合题（每题 10 分，共 30 分）

1. 如图为一铸件。

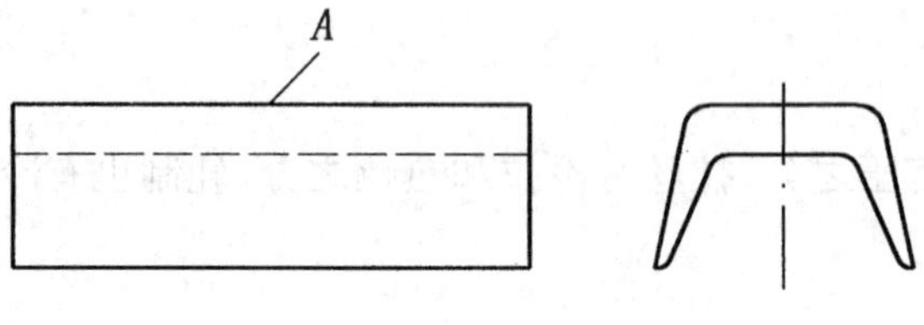

（第 1 题）

（1）铸件凝固后，其上部及下部各处于什么应力状态？

（2）铸件凝固冷却后的变形方向是两端向上，还是向下，请在图上用虚线标出。

（3）铸件时效前将 A 面刨去较厚一层后，铸件再发生变形，是两端向上还是向下（作定性分析）。

2. 试分析改进下述零件的结构工艺性：

（1）改进图示由钢板拼焊成圆筒形容器的结构工艺性（含焊缝布置）

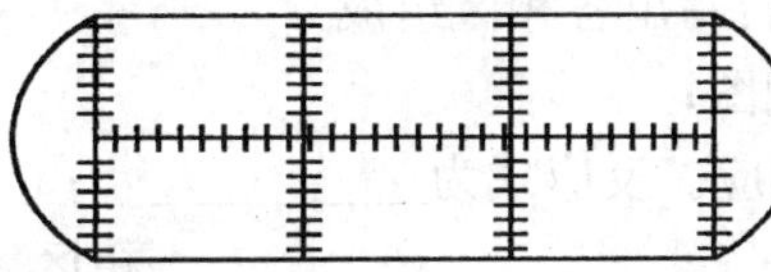

（2）改进图示铸件的结构工艺性

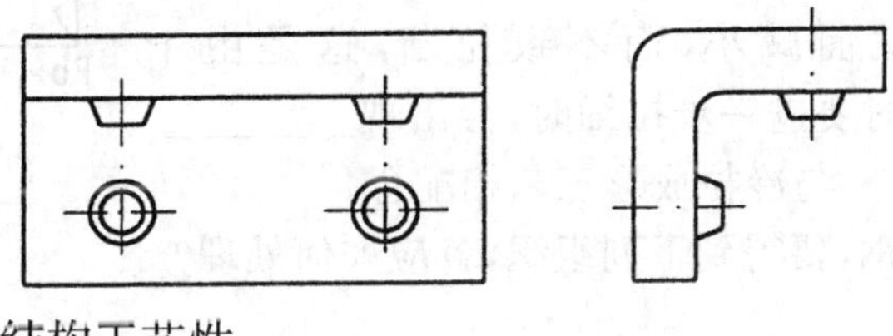

（3）改进内齿圈的结构工艺性

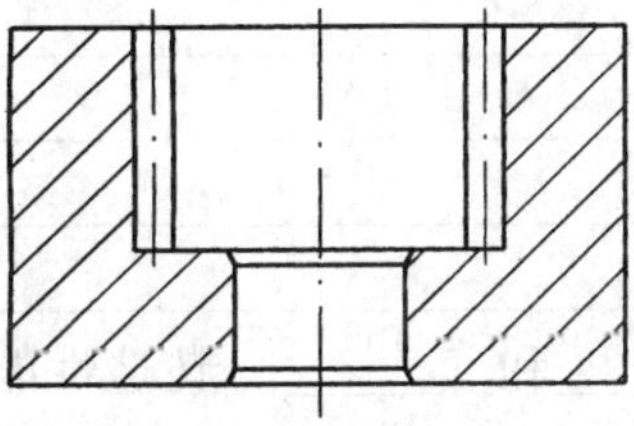

3. 试写出下图传动路线，并算出各级转速值。

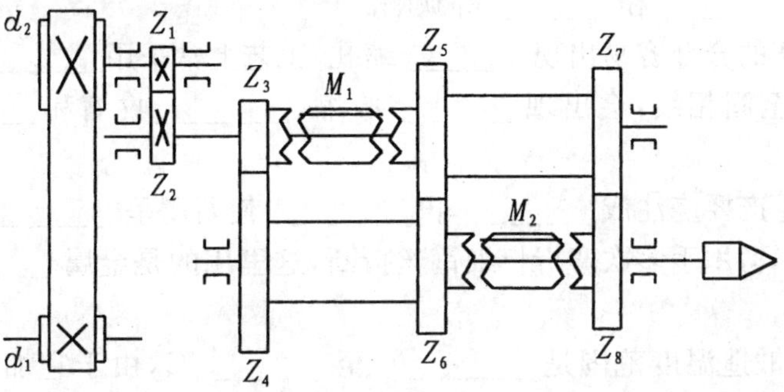

(8) 江苏省南京市高等院校《工程材料与机械制造基础》统测试题

班级		姓名		学号		日期		成绩	

一、填空题(每空格 0.5 分,共 25 分)

1. 金属材料在一般工业条件下结晶时,冷速愈大,金属的晶粒愈________,则金属的________愈高,________和________也愈好。因此,金属常采用________的方法改善其性质。
2. Pb-Sn 二元合金相图的分析:写出各相区组成:
   (1) 该图为________合金相图;
   (2) 在 ecd 线上有______反应。反应式为____________;
   (3) 杠杆定律适用于________、________和________相区里各相数量的计算。

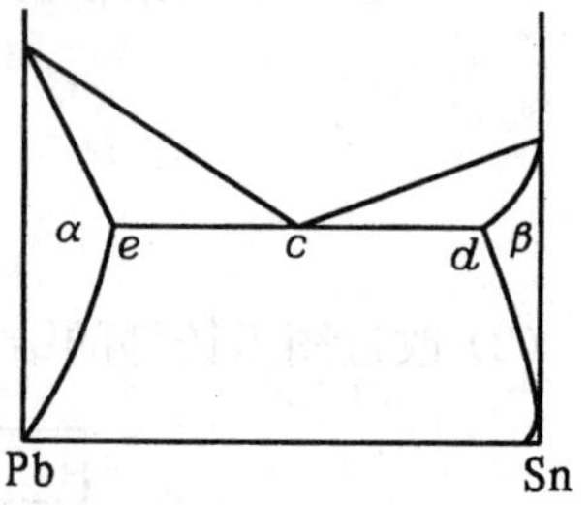

(第 2 题)

3. 低碳钢丝冷拉后截面减小,而不致拉断,这是由于________的原因,同时要进一步拉细时,会出现________,工艺上常采用________与冷拉成形工艺相配合。
4. 有直径 5mm 的共析钢,要得到下列组织,各应如何处理?
   (1) 珠光体——________________________________;
   (2) 屈氏体——________________________________;
   (3) 下贝氏体——________________________________;
   (4) 回火屈氏体——________________________________;
   (5) 马氏体——________________________________。
5. 合金铸造性能主要包括________和________。铸造性能较好的合金是________合金。
6. 金属的浇注温度过高时,容易出现________、________、________等缺陷;浇注温度偏低时,则容易形成________和________等缺陷。
7. 结晶温度范围宽的合金容易出现________缩孔,工艺上常采用________等措施来补救。
8. 合金由液态冷至固相线,会出现________收缩、________收缩和________收缩等三种收缩。
9. 可锻铸铁件的生产要浇注成________,再________,使石墨呈________状。
10. 手边无任何工具,用手多次弯折将细钢丝折断,这里用的是金属________________的特性。
11. 低碳钢通常的锻造温度范围是________℃至________℃,由于它加热时呈________组织,故塑性较好。

12. 用于控制和校正焊件变形的方法有________、________、________和________等几种。

13. 在切削三要素________中对刀具耐用度影响最大的是________。

14. 车加工锥度的主要方法有________、________、________和________等。

二、判断题(每题 0.5 分,共 7 分)

1. 铁-碳合金中共晶与共析成分的合金铸造性能都好。 ( )

2. 可锻铸铁如 KT380-12 也称韧性铸铁,实际上不容锻造。 ( )

3. 铸造应力与焊接应力,通过人工时效后可彻底被消除。 ( )

4. 铁碳合金中,合金的强度与含碳量呈正比关系。 ( )

5. 普通灰铸铁铁水经过孕育处理,可使之强度提高。 ( )

6. 铸铁件要壁厚均匀,凡热节处可用冒口保证铸件质量。 ( )

7. 金属塑性变形中的三向压应力状态,材料的变形抗力最大。 ( )

8. 金属热变形中,不曾出现过塑性变形强化过程。 ( )

9. 变形产生的纤维状组织,经过再结晶退火可以消除。 ( )

10. 氩弧焊只适用于焊不锈钢、有色合金,不能用于碳钢。 ( )

11. 刀具耐用度是刀具的实际使用寿命。 ( )

12. 零件材料硬度愈高,所选用砂轮硬度也应愈高。 ( )

13. 铰刀要求使用寿命长,必须采用高速钢制铰刀。 ( )

14. 车削加工时,工件的转速越高,则切削速度越高。 ( )

三、分析题(每题 6 分,共 30 分)

1. 是否所有的工程金属材料都可以铸造和锻压成形?试举例说明之。

2. 已知铸铁件主要壁厚为 50mm,要求其抗拉强度 σ_b 达到 200MPa 以上,应在选定铸铁牌号时注意什么因素?

3. 熔化焊与摩擦焊的根本差异在哪些方面?为何一些受力较大的联结件可以用摩擦焊?请举应用实例说明。

4. 以车刀为例,分析其前角、后角,主偏角的大小对零件切削过程产生的影响。

5. 车头箱装配实习中的下列零件(a)和(b):

(1) 选用适当的材料。

(2) 制订热处理技术条件。

(3) 制订热处理工艺规程(包括淬火,回火温度及热处理方法)。

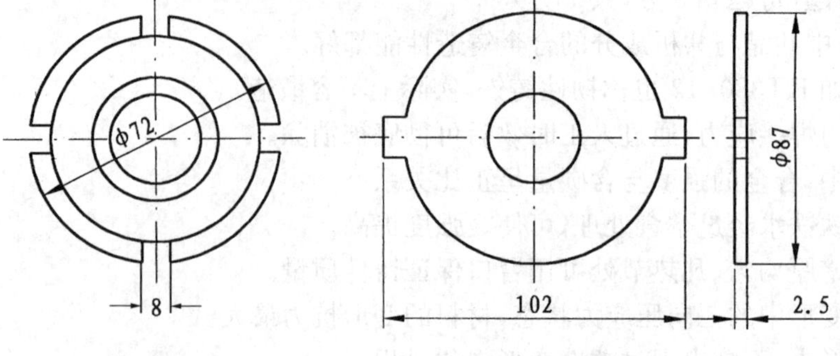

(第 5 题)

四、应用题(共 38 分)

1. 机床由小模数传动齿轮($m=3$,直齿圆柱齿轮),精度要求为 IT9~IT8,高速轻载,有轻微冲击,月产量 5000 只,试确定以下条件。

(1) 选择材料。(2 分)

(2) 选择毛坯成形工艺。(2 分)

(3) 确定轮齿成形方法。(4 分)

(4) 定齿面强化方法。(4 分)

2. 微型空气压缩机曲轴(如图)

转速 $n=1400$r/min,轴颈要求耐磨,年产量 1 万件。

(1) 选择合适的材料;(2 分)

(2) 选择合适的毛坯成形方法;(2 分)

(3) 安排热加工工艺过程;(6 分)

(4) 改进结构上不合适(工艺性差)的地方。(4 分)

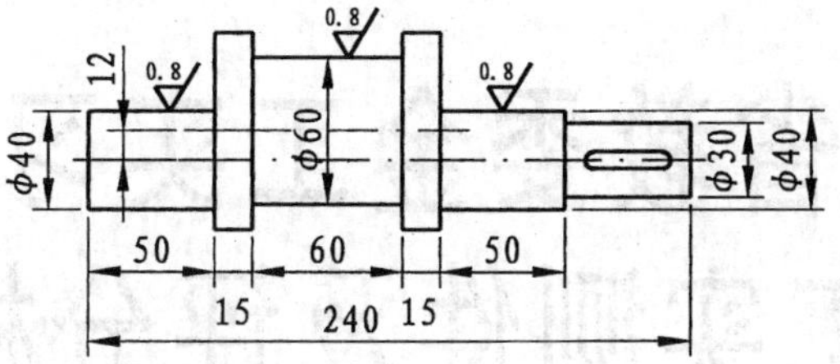

（第2题）

技术条件：

① 两轴颈 ϕ40，同轴度允差＜0.01；

② 曲轴偏心中心距允差＜0.02；

③ 轴颈 ϕ40D 及连杆档 ϕ50D 淬硬 55HRC。

3. 根据结构工艺性要求提出对下列零件结构上的改进方案：

（1）

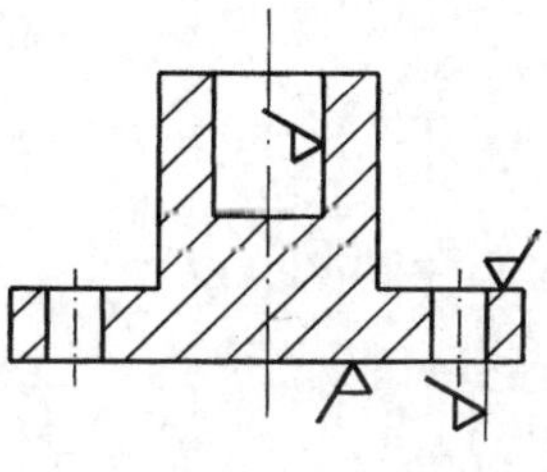

砂型铸件（2分）

（2）

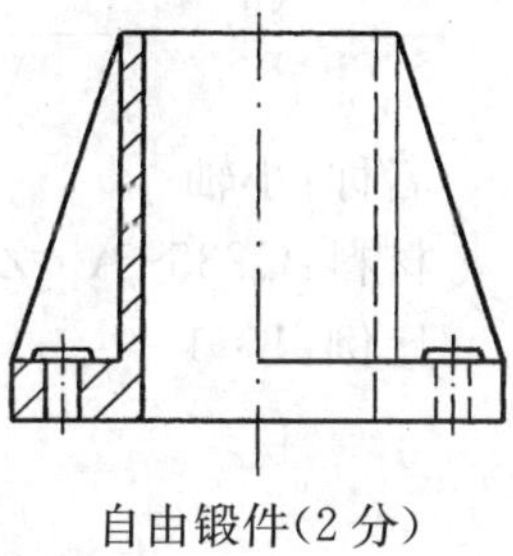

自由锻件（2分）

（3）

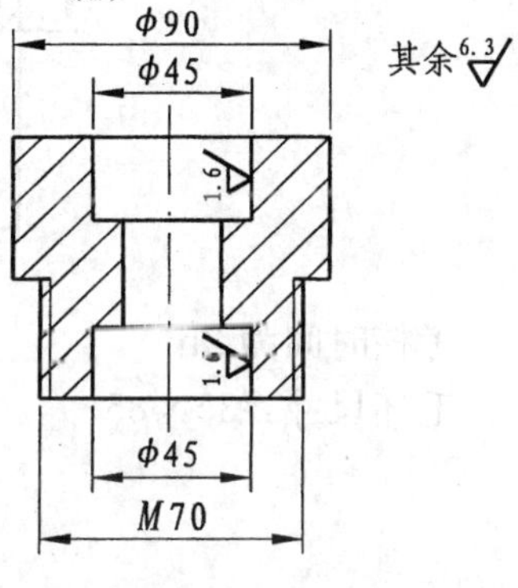

切削加工件（4分）

（4）

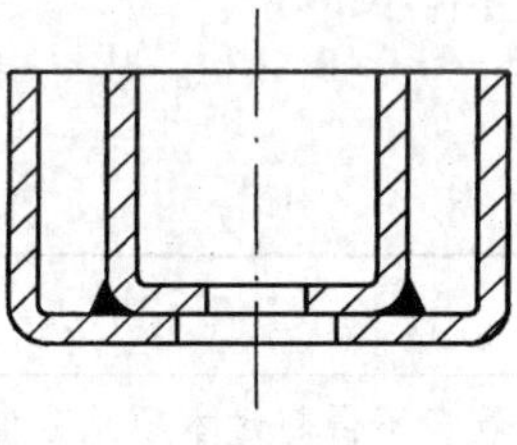

焊件（2分）

（5）

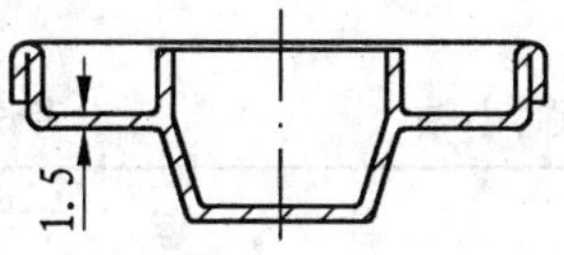

冲压件（2分）

（第3题）

(9) 江苏省教委金工实习教学评估车工实测件及评分标准

班级		姓名		学号		日期		成绩	

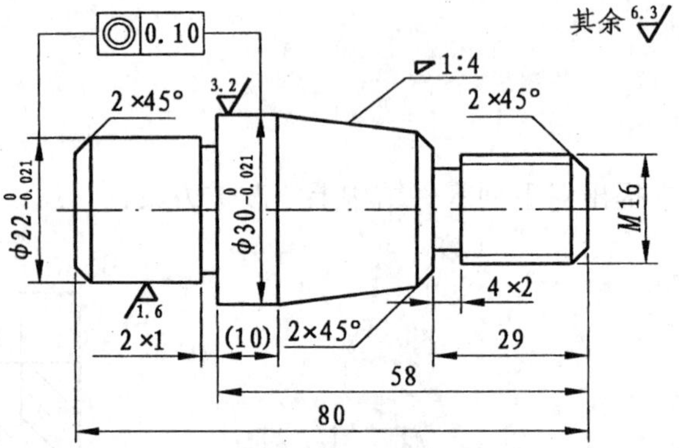

考核时间为2h
毛坯尺寸:$\phi35\times85$

名称:小轴
材料:Q235-A·Z
比例:1∶1

车工实测件考核评分标准

零件名称:小轴 **考试规定时间:2h**

序号	项目内容	分值	说明
一	工艺过程 1. 工件装夹 10分 2. 机床调整 8分 3. 量具使用 2分	20分	每项扣的分值最多不得超过本项总分值。

（续表）

序号	项目内容	分值	说明
二	尺寸精度 1. $\phi22_{-0.021}^{\ 0}$　15分 2. $\phi30_{-0.021}^{\ 0}$　10分 3. 29　3分 4. 58　3分 5. 80　2分 6. M16　8分 7. 4×2　2分 8. 2×1　2分	45分	 1. 每项超差±0.01　扣2分 2. 每项超差±0.01　扣2分 3. 每项超差±0.2　扣3分 4. 每项超差±0.2　扣3分 5. 每项超差+0.2　扣3分 6. 螺纹乱扣　扣8分 螺帽拧不到底　扣4分 螺帽拧转不灵活　扣4分 7. 槽宽1分，槽深1分 8. 槽宽1分，槽深1分
三	形位公差 ◎0.10　10分	10分	超差±0.05　扣5分
四	表面粗糙度 1. Ra 1.6　4分 2. Ra 3.2　3分 3. Ra 6.3　3分	10分	不允许用砂纸、锉刀打光，违者扣除全部分值。
五	安全文明	5分	1. 每违反一次　扣2分 2. 发生安全事故　扣5分 3. 不注意工作场地整洁　扣2分 4. 发生较大事故者，取消考核资格
六	考核时间	10分	考试时间是指学生从装夹工件开始到工件加完毕卸下工件为止的全过程。每超过2min扣1分，直到扣除全部分值。但扣分最多不得超过10分，时间最多不得超过20min。

(10) 江苏省教委金工实习教学评估钳工实测件及评分标准

班级		姓名		学号		日期		成绩	

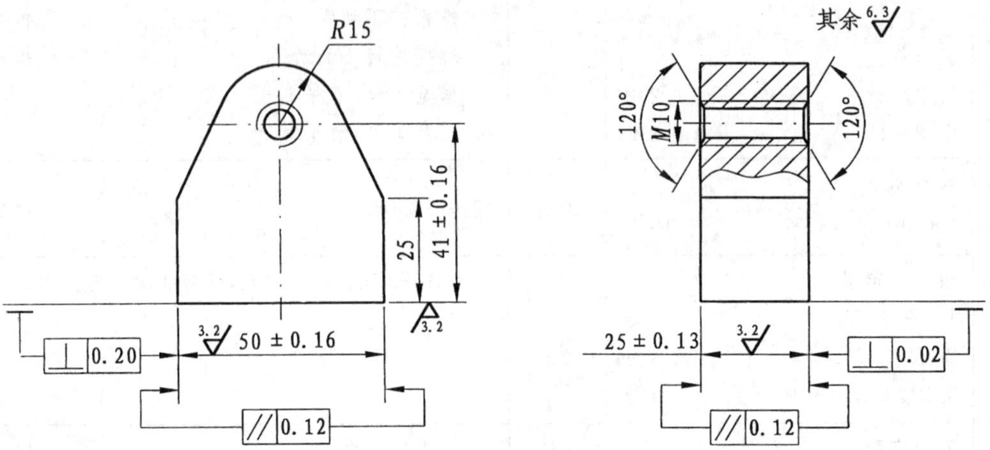

考核时间为 2h
毛坯尺寸:长 51×高 58×厚 26
(毛坯为刨成的长方体 R_a 为 12.5)

名称:块板
材料:Q235-A·Z
比例:1∶1

钳工实测件考核评分标准

零件名称:块板 **考试规定时间:2h**

序号	项目内容		分值	说明	
一	工艺过程		20分	每项扣的分值最多不得超过本项总分值。	
	1. 工件装夹、锉刀选用	5分			
	2. 操作姿势	10分			
	3. 量具使用	5分			
二	尺寸精度		35分		
	1. 50±0.16	10分		1. 每项超差±0.01	扣2分
	2. 25±0.13	11分		2. 每项超差±0.01	扣2分
	3. 41±0.16	10分		3. 每项超差±0.01	扣2分
	4. 25	2分		4. 每项超差±0.5	扣2分
	5. R15	2分		5. 每项超差±0.5	扣2分

（续表）

序号	项　目　内　容	分值	说　　明
三	形位公差 1. //0.12　8分 2. ⊥0.20　8分 3. //0.20　4分	20分	1. 每超差±0.05　扣2分 2. 每超差±0.01　扣2分 3. 酌情扣分
四	表面粗糙度 1. Ra 3.2　3处 2. Ra 6.3　3处	10分	一处不合格扣3分，本项扣的分值最多不得超过10分不允许用砂纸打光。
五	安全文明	5分	1. 每违反一次　扣2分 2. 发生安全事故　扣5分 3. 不注意工作场地整洁　扣2分 4. 发生较大事故者，取消考核资格
六	考核时间	10分	考试时间是指学生从装夹工作开始到工件加工完毕卸下工件为止的全过程。 每超过3min扣除1分，直到扣除全部分值，但扣分最多不得超过10分。时间最多不得超过30min。

(11) 江苏省教委金工实习教学评估焊工实测件及评分标准

班级		姓名		学号		日期		成绩	

材料:Q235　　　　厚度 4mm 钢板

尺寸:宽 50mm×长 350mm×厚 4mm

数量:2 块

要求:1. 两块钢板对接平焊。

2. 选择焊接电流、焊条型号、焊条直径。
3. 平焊缝长度为 300mm。
4. 考试规定时间:45min。

注意:1. 独立操作,确保安全。

2. 所有焊件必须单面焊接,背面不准加垫板或熔剂垫等。
3. 每道焊缝不允许修补。

焊工实测件考核评分标准

零件:两块厚 4mm 钢板对接平焊缝　　　　**考试规定时间:45min**

序号	项目内容	分值	说明
一	工艺过程 1. 焊接规范:电焊、焊条型号及直径选择　8 分 2. 引弧、接弧、收尾　10 分 3. 工具使用(焊钳、小锤)　2 分	20 分	每项扣的分值最多不得超过本项总分值。
二	焊接质量 1. 焊缝结合　20 分 2. 焊波平整　20 分 3. 外观缺陷　20 分	60 分	1. 焊缝外表形状高低不平　扣 10 分 2. 焊缝尺寸过大或过小　扣 5 分 3. 焊波宽窄不齐　扣 5 分 4. 焊波高矮不均匀　扣 5 分 5. 焊波成形粗劣　扣 10 分 6. 焊弧不好　扣 5 分 7. 焊缝缺陷:夹渣、未焊透、咬边、气孔、弧坑、焊瘤、过烧等。每有一个缺陷　扣 5 分 8. 焊缝有裂纹　扣 20 分

（续表）

序号	项目内容	分值	说明
三	安全文明 1. 工作服、工作帽、工作鞋（脚罩也可） 2. 焊件放置 3. 敲焊渣 4. 场地整理	10分	1. 每违反一次安全　扣2分 2. 发生安全事故　扣5分 3. 不注意工作场地整洁　扣2分 4. 发生重大事故者、取消考试资格
四	考试时间	10分	1. 考试时间是指学生从用焊钳夹焊条开始，到焊完规定尺寸为止的全过程。 2. 每超过2min扣4分 直到扣除全部分值。但扣分最多不得超过10分 3. 时间最多不超过10min

(12) 江苏省教委金工实习教学评估学生座谈会口试参考题

班级		姓名		学号		日期		成绩	

(每题10分,由学生随机抽5题,满分50分)

1. 锯条的锯齿为什么要按一定形状左右错开?

2. 锯割时,如发现锯缝歪斜,应怎么办?

3. 锯割时起锯角一般为多大?起锯角过大或过小易出现什么问题?

4. 锉削平面时,工件中部产生凸面是什么原因造成的?或锉削平面时,两手应如何施力?

5. 钻孔试钻时,如发现孔钻偏,应如何纠正?

6. 手工铰孔时,铰刀能否反转?为什么?

7. 攻螺纹时,为什么每转一圈后,要作适当反转?

8. 如何判断手用丝锥的头锥与二锥？

9. 刮削后表面精度怎样检查？

10. 车床上加大切深时，如果刻度盘多转了三格，现就退回三格，是否可以？为什么？应如何处理？

11. 在车床上车削端面时，会在端面留下一小凸台，是什么原因造成的？

12. 何谓试切法？车削外圆时为什么要采用试切法切削？

13. 用两顶尖安装，车一光轴，试切后测量发现车出的轴表面呈锥形，其右端比左端大0.4mm，问应采取何种措施才能消除锥度？

14. 切断刀与切槽刀有何不同？能否用切槽刀来切断？为什么？

15. 车圆锥有哪几种方法？现欲车削锥角为30°，锥面轴向长度$l=60$mm的锥面，应采用何种方法？

16. 现欲在车床上车螺纹，车床丝杠螺距$P=6$mm，如螺纹螺距$P=2$mm时，采用何种方法车削？$P=2.5$mm时，又采用何种方法车削？

17. 什么叫顺铣？什么叫逆铣？你实习操作时采用哪种？为什么？

18. 什么是分度头的定数？简单分度法的计算公式？

19. 现欲铣削齿数为35的直齿圆柱齿轮，请计算每铣一齿，分度头手柄的转数。

20. 齿轮齿形加工有哪两种方法？铣齿属于哪种方法？

21. 为什么常用弯头刨刀而不用直头刨刀？

22. 磨削工件时为什么采用大量的切削液？

23. 表面粗糙度 R_a 值分别为 0.8μm、1.6μm、3.2μm 的外圆表面，哪一种必须经过磨削加工？

24. 铸造造型操作时，起模前为什么要在模样周围的型砂上刷些水？如果刷水过多，可能会产生什么后果？

25. 铸件采用分模造型时，模样应从何处分开？

26. 有位同学在手工造型操作时，将型砂填满砂箱后，用脚踏实，行吗？为什么？

27. 2t 冲天炉，65kg 空气锤，12000t 水压机，C6136、X6132、B6065 的含意是什么？

28. 何谓锻造温度范围？45 钢的始锻温度和终锻温度各是多少？

29. 某同学锻制一 45 钢的工件，当温度为 600℃时，仍在锻打，合适吗？为什么？

30. 锻造拔长时，加大送进量是否可提高拔长效率？为什么？

31. 手弧焊平焊两块厚为 4mm 的 Q235-A 钢板，应选用多大直径的焊条及焊接电流？

32. 气焊火焰为中性焰时，火焰的最高温度产生在何处？可达多少摄氏度？

33. 成形法和展成法加工齿轮各有何特点？

34. 磨削加工中，选择砂轮的原则是什么？

35. 什么是砂轮的自锐性，砂轮有自锐性是否还要修整，为什么？

36. 简述铸造浇注系统的作用和组成，冒口的作用是什么？

37. Q235、45、T10A、9SiCr、QT450-10、HT150、H70、ZHCuZn38 各代表什么材料。

38. 车刀刃倾角的作用是什么，粗车和精车时应如何选取？

39. 铣加工时，为什么一定要开机对刀，停机后变速？

40. 结合实习中装配实例，简述装配单元系统图。

(13) 原国家教委高等工程专科教育金工实习教学评估应知试题(一)(机类专业)

班级		姓名		学号		日期		成绩	

一、车工(共 30 分)

1. 写出图示外圆车刀上各编号所指部位的名称。(4 分)

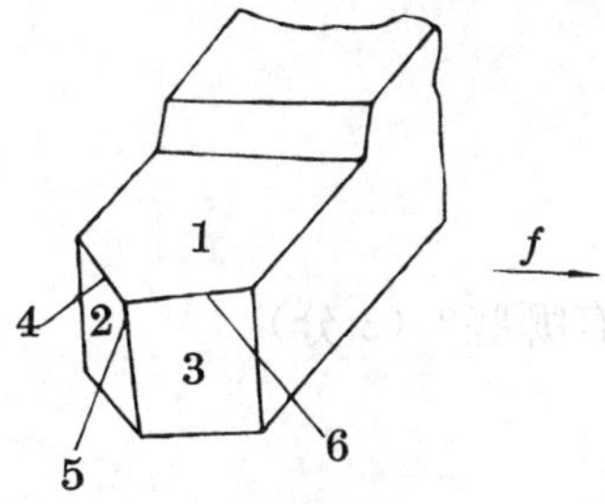

(第 1 题)

2. 卧式车床由哪些部分组成?(5 分)

3. 卧式车床上车削外圆锥面的方法有哪几种?每种方法的主要应用范围是什么?(5 分)

4. 卧式车床上可以完成哪些加工工作?(至少答出 8 种)(3 分)

5. 卧式车床上车削无内孔工件的端面时,车刀为什么一定要对准工件的轴线?(2 分)

6. 在卧式车床上安装外圆车刀时,刀杆伸出长度大约为多少?(2 分)

7. 在卧式车床上加工工件时，请判断下列情况是否允许？

①戴帽子；②戴手套；③戴袖套；④工件在很低速度下转动时扳动手柄变换主轴转速；⑤工件在很慢速度转动时测量工件直径尺寸。（2分）

8. 写出卧式车床上5种常用的夹具和附件的名称及主要功用。（5分）

9. 卧式车床上加工孔的方法有哪几种？（举出三种）（2分）

二、铣、刨、磨工（共20分）

1. 万能铣床上铣削的主运动和进给运动是什么？主要加工范围有哪些？（3分）

2. 在卧式铣床上铣削工件时，什么是顺铣？什么是逆铣？（2分）

3. 在铣床上利用FW250分度头铣削直齿圆柱齿轮，齿数 $z=36$，求每铣一齿后分度头手柄转过的转数 n。（分度盘的孔圈数为：46、47、49、51、53、54、57、58、59、62、66）（5分）

4. 牛头刨床刀架上的抬刀板起什么作用？（3分）

5. 切削液在平面磨削时所起的主要作用是什么？（2分）

6. 铣床的主要附件有哪些？(3 分)

7. 在平面磨床上装夹工件常用哪些方法？(应答出 2 种)(2 分)

三、钳工(共 30 分)

1. 按用途写出钳工划线的常用工具有哪四大类？(2 分)

2. 什么叫做锯路？它有什么作用？(4 分)

3. 分别说明应根据哪些条件来选用锉刀的规格、截面形状和齿纹粗细。(3 分)

4. 为什么套螺纹前要检查圆杆直径？圆杆直径大小应怎样确定？为什么圆杆要倒角？(3 分)

5. 从锉削操作分析，锉削平面应如何防止产生中凸、塌边、塌角等缺陷？(5 分)

6. 图示麻花钻头各部分名称是什么？(3 分)

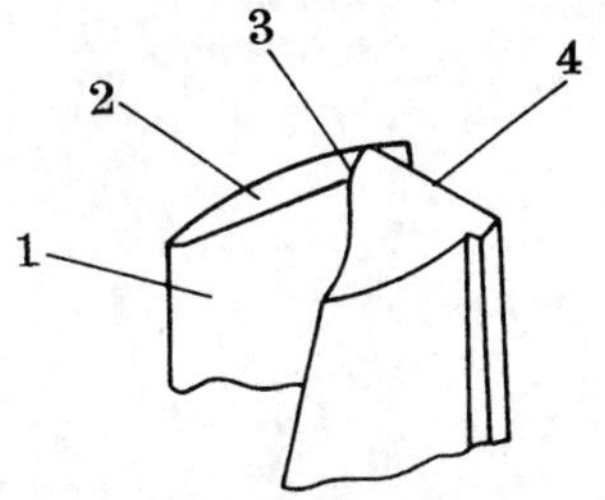

(第 6 题)

7. 在攻螺纹时你怎么辨认头锥、二锥？为什么在攻螺纹时要经常反转？(3 分)

8. 图示两种截面 Q235-A 钢材需要钳工锯断，应分别选用哪种锯条？并说明锯割方法。(4 分)

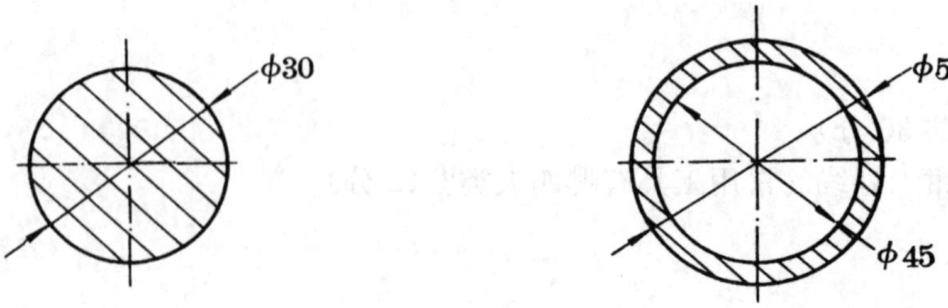

(第 8 题)

9. 为什么锯条装得太紧和太松都不好？锯条装反后对锯割有何影响？(3 分)

四、铸、锻、焊工(共 20 分)

1. 铸铁件、铸钢件与铸铝件的浇冒口通常都用什么方法去掉？(3 分)

2. 手工造型时，型砂舂得过紧或过松，会产生什么缺陷？(2 分)

3. 冲天炉的炉料由哪三部分组成？(2 分)

4. 典型的浇注系统包括哪几个部分？（2 分）

5. 冒口的主要作用是什么？（1 分）

6. 锻造前对坯料加热的目的是什么？如保温时间过长会产生什么缺陷？（3 分）

7. 自由锻的基本工序有哪些？（2 分）

8. 用手弧焊对接平焊 4mm 的板料（Q235-A）时，怎样确定焊条直径与焊接电流？（3 分）

9. 氧-乙炔焊的火焰有哪几种？（2 分）

(14) 原国家教委高等工程专科教育金工实习教学评估应知试题(二)(机类专业)

班级		姓名		学号		日期		成绩	

一、车工(共 30 分)

1. 在卧式车床上车削较大端面时,车刀由外向轴心进给,切削速度是否有变化?为什么?(4 分)

2. 卧式车床上加工螺纹时,主轴转速的快慢是否影响加工工件螺距的大小?为什么?(4 分)

3. 卧式车床由哪几个部分组成?(5 分)

4. 车刀按用途分为哪几种?(至少答 3 种)(2 分)

5. 卧式车床上车削外圆锥面的方法有哪几种?说出其中两种方法的主要特点和应用范围。(5 分)

6. 选择题:(2 分)在卧式车床上安装外圆车刀时,刀杆伸出的长度应为(　　)。
(A) 刀杆总长的 2/3　　(B) 刀杆厚度的 1.5～2 倍
(C) 伸出刀架端面 15mm　　(D) 根据加工需要进行调整

7. 卧式车床装夹工件的方法有哪几种?(至少答出 4 种)说明其中两种装夹工件方法的特点和应用范围。(6 分)

8. 在卧式车床上加工工件时，请判断下列情况是否允许？（2 分）

（1）戴帽子；

（2）戴袖套；

（3）戴手套；

（4）工件在很低转速下扳动手柄变换主轴转速；

（5）工件在很慢速度转动下测量工件直径尺寸。

二、铣、刨、磨工（共 20 分）

1. 万能卧式铣床的工作台能否转动一定角度？（2 分）

2. 万能立铣头的功用是什么？（3 分）

3. 铣削加工时为什么要开车对刀？（3 分）

4. 在卧式铣床上铣削工件时，什么是顺铣？什么是逆铣？（2 分）

5. 刨削类机床有哪几种？其中哪种机床可加工内孔中的键槽？（3 分）

6. 刨削加工的范围？（2 分）

7. 常用的磨床有哪几种？（至少举出 3 种）（2 分）

8. 在外圆磨床上磨削外圆时，工件和砂轮作哪些运动？（3 分）

三、钳工（共 30 分）

1. 钳工常用划线基准有哪三种类型？（5 分）

2. 钳工錾子的楔角（β）在什么条件下应用时应大些？什么条件下应用时应小些？（3 分）

3. 你怎样判断粗齿、中齿、细齿三类锯条。（3 分）

4. 普通锉刀按截面形状分为哪五类？说明各适合加工哪些表面？（3 分）

5. 锉削平面有哪三种操作方法？锉削外圆弧面有哪两种操作方法？（3 分）

6. 在钳工操作中，有哪种操作要求操作者必须戴防护眼镜？有哪种操作要求严禁戴手套？当锉刀齿面塞积切屑后如何清除？（3 分）

7. 螺纹连接防松办法有哪几种？（要求答 3 种）(3 分）

8. 欲在某铸铁件上攻 M12×1.75 的螺纹孔，求螺纹底孔直径应为多少？（3 分）

9. 装配时零部件之间的连接有可拆连接和不可拆连接，请分别各举两例。（2 分）

10. 应根据加工表面哪些要求来选用粗纹锉刀、细纹锉刀？（2 分）

四、铸、锻、焊工（共 20 分）

1. 试述砂型铸造带芯的分模造型工艺全过程。（5 分）

2. 型砂是由哪些主要材料组成的？（3 分）

3. 常见的铸件缺陷除气孔、砂眼、缩孔外，还有哪些？（2 分）

4. 40 钢的始锻温度、终锻温度是多少？某同学在工件温度为600°C时仍在锻造，合适吗？为什么？（3 分）

5. 为什么机器上承受重载及冲击载荷的重要零件多以锻件为毛坯？（2 分）

6. 手弧焊焊缝的空间位置有哪几种形式？（3 分）

7. 手弧焊有哪几种接头形式？（2 分）

附录 《机械制造工程实训报告》配套电子光盘使用说明

一、系统配置要求

1. 硬件平台:586 或奔腾系列机型,至少 16M 内存,配有光驱、显卡、声卡、音箱。
2. 软件运行环境:WINDOWS 操作系统、显示模式 640×480 分辨率、16 位增强式、小字体显示方式。

二、安装步骤

1. 确定计算机已正确安装了 WINDOWS 操作系统。
2. 将光盘插入光驱,光盘自动运行,出现安装内容选择画面,根据提示即可完成安装。

三、光盘主要内容简介

1. JIGONG 目录

   (1) PIC 子目录

   本目录下存放着程序中所使用的背景图。

   (2) WAV 子目录

   本目录下存放着程序中所使用的背景音乐。

   (3) XTRAS 子目录

   本目录下存放着为本程序提供各方面支持的各种 XTRAS 文件。

   (4) DATABASE 子目录

   本目录下存放着为本程序所需调用的数据库,数据库(ODBC)添加程序。

   (5) UCD 子目录

   本目录下存放着为本程序所需的应用扩展程序。

   (6) TIKU. EXE

   主程序(直接在 WINDOWS9X 或 NT 环境下运行)。
2. RUN. EXE

   《机械制造工程实训报告》自动运行主界面。
3. SETUP. EXE

   《机械制造工程实训报告》安装程序。

四、光盘安装后硬盘上出现的内容

1. PIC 子目录

   本目录下存放着程序中所使用的背景图。

2. WAV 子目录

本目录下存放着程序中所使用的背景音乐。

3. XTRAS 子目录

本目录下存放着为本程序提供各方面支持的各种 XTRAS 文件。

4. DATABASE 子目录

本目录下存放着为本程序所需调用的数据库，数据库(ODBC)添加程序。

5. UCD 子目录

本目录下存放着为本程序所需的应用扩展程序。

6. TIKU. EXE

主程序(直接在 WINDOWS9X 或 NT 环境下运行)。

五、说明

一律采用全路径名"C:\JINGONG \——"进行安装，在实际使用的多媒体光盘中，每个用户可能将文件安装在计算机硬盘的不同位置，因此光盘中的安装程序采用了相对路径，这样更切合应用程序的实际需要。

光盘中提供的习题答案仅供参考。

运行完联机测试后，所有的测试题将会出现在"\JINGONG \DOC \联机测试题TXT \"文件中。